U0734155

2019 电力版

全国中级注册安全工程师职业资格考试辅导教材

安全生产管理
精讲精练

主　编　宋大成

副主编　马献军

参　编　李　智　任爱娟　王浩杰

中国电力出版社
CHINA ELECTRIC POWER PRESS

内 容 提 要

本书介绍了《中级注册安全工程师职业资格考试大纲》（2019 版）在"安全生产管理"部分列出的所有内容的要点，并给出了相关模拟试题。

本书是中级注册安全工程师职业资格考试的简明、高效的辅导教材，也有益于高级和初级注册安全工程师职业资格考试。本书可用于注册安全工程师继续教育。本书同时是安全生产培训的好教材。

图书在版编目（CIP）数据

安全生产管理　精讲精练 / 宋大成主编. —北京：中国电力出版社，2019.6
全国中级注册安全工程师职业资格考试辅导教材
ISBN 978-7-5198-2135-7

Ⅰ. ①安…　Ⅱ. ①宋…　Ⅲ. ①安全生产–生产管理–资格考试–自学参考资料　Ⅳ. ①X92

中国版本图书馆 CIP 数据核字（2018）第 134593 号

出版发行：中国电力出版社
地　　址：北京市东城区北京站西街 19 号（邮政编码 100005）
网　　址：http://www.cepp.sgcc.com.cn
责任编辑：未翠霞（010-63412611）
责任校对：黄　蓓　太兴华
装帧设计：王英磊
责任印制：杨晓东

印　　刷：北京天宇星印刷厂
版　　次：2019 年 6 月第一版
印　　次：2019 年 6 月北京第一次印刷
开　　本：787 毫米×1092 毫米　16 开本
印　　张：12.25
字　　数：287 千字
定　　价：48.00 元

前　言

　　本书是中级注册安全工程师职业资格考试辅导教材。

　　本书依据《中级注册安全工程师职业资格考试大纲》（2019 版）"安全生产管理"部分的要求及最新修订的相关法规编写。

　　本书各章节首先列出考试大纲要求的相关内容，内容简明清晰；然后给出模拟试题，题型与实考一致，试题具严谨性，重点准确，命中率高。

　　试题中带星号的表示多选题，否则为单选题。

目 录

第一章

安全生产管理基本理论与战略

第一节　安全生产理念

一、安全生产的社会责任

安全生产直接关系到劳动者的生存权和劳动权，直接关系到社会的稳定，直接关系到经济、社会的可持续发展。

1. 劳动者的生存权和劳动权

《世界人权宣言》确认，人人享有生命、自由和人身安全的权利。《中华人民共和国宪法》规定，中华人民共和国公民有劳动的权利。劳动权是获得生存权的必要条件，只有享有劳动权，生存权才可以得到保障。生产安全事故造成死亡，直接剥夺人的生存权；造成劳动能力丧失，对劳动权造成严重的损害。如果不能提供安全健康的保障，则劳动权对劳动者来说是毫无意义的。

2. 社会稳定

事故会对社会稳定造成直接或间接的影响。

重大伤亡事故的发生，恶劣工作条件造成的职业病惨剧，直接破坏了作为社会基础的众多家庭。

某些事故的影响超出企业范围，而对周边社区直接造成破坏。

更普遍的情况是心理的影响。很多事故和职业病与安全生产管理和监督的失职有密切关系；因而在受害者的亲友和部分民众心中，这些事故严重损害了政府的公信力。

近年来因事故和职业病问题引起的诉讼案件不断增加。在某些情况下，事故会引发罢工等事件，甚至有可能酿成局部的动乱。

3. 经济损失

生产安全事故和职业病给企业和社会带来的实际经济损失比人们"感觉"到的经济损失大得多。

据国际劳工组织（ILO）估计，每年工伤赔偿费用使全球经济增长降低 4 个百分点。

包括我国在内的政府主管部门、社会组织在长期的工作实践中得出的结论是：安全生产的投入是一本多利的。例如，我国原卫生部开展的全国流行病学调查提供了这一论点的强有力的数据支持。美国国家安全理事会（NSC）在《工业生产事故预防手册》中写道："每支出

1

一个货币单位用于安全措施，可带来百分之几百的利润。"英国卫生安全执行局（HSE）宣布了这样的结论："预防投资的经济效果是：其所避免的经济损失费用是预防投资的好几倍"，"为扩大市场、取得利润所需要的投资与为避免事故损失所需要的投资相比，如果取得的利润与避免的事故损失的数额相同或相近，则前者的投资额比后者大得多"。

4. 社会、经济可持续发展

安全发展和节约发展、清洁发展一样，是实现社会、经济可持续发展的支柱。没有安全发展，社会、经济的发展就失去保证。因此安全与经济社会发展必须一体化运行。

安全责任是每一个企业的社会责任的重要内容。

二、安全发展观

坚守发展决不能以牺牲安全为代价这条不可逾越的红线。

坚持安全发展，贯彻以人民为中心的发展思想，始终把人的生命安全放在首位，正确处理安全与发展的关系。

在谋划发展思路时，把安全生产纳入经济发展、社会治理、精神文明建设、核心价值观的践行中；在制定发展目标时，把安全生产作为硬指标，加大考核权重；在推进发展进程中，自觉调整和改革管理模式和工作机制，实现安全生产形势持续稳定好转并最终实现根本好转。

三、安全生产方针

"安全第一"：在生产经营活动中，在处理保证安全与生产经营活动的关系上，要始终把安全放在首要位置，优先考虑从业人员和其他人员的人身安全，实行"安全优先"的原则。在确保安全的前提下，努力实现生产的其他目标。

"预防为主"：按照事故发生的规律和特点，千方百计预防事故的发生，做到防患于未然，将事故消灭在萌芽状态。

"综合治理"：标本兼治、重在治本。在采取断然措施遏制重特大事故（治标）的同时，综合运用法律、经济、科技和行政手段，从各个方面着手，解决影响、制约我国安全生产的历史性、深层次问题。

四、安全发展战略

安全发展战略充分体现在《中共中央　国务院关于推进安全生产领域改革发展的意见》中，见本章第二节。

五、事故可控制、可预防

第 155 号国际劳工公约明确宣称：所有关于职业事故和职业病的危险都可以通过有效的措施予以预防和控制。

公约总结了世界各国形成的关于安全生产的如下认识与原则：

（1）对职业伤害的受害者及其亲属应当进行充分而迅速的经济补偿。

（2）安全生产投入是绝对必要的，且这种投入所避免的支出是投入费用的好几倍。

（3）安全生产是企业或事业单位全部业务工作不可分割的一部分。

（4）采取立法、管理、技术、教育等方面的措施能有效地避免职业伤害，提高劳动生产率。

（5）为预防事故和职业病进行的努力还未达到极限，应继续努力。

上述认识导致了如下方针：在合理和切实可行的范围内，把工作环境中的危险减少到最低限度，预防事故的发生。

六、安全哲学与安全文化

哲学是由价值观产生的对事物的总的看法和指导思想。

安全哲学就是本节"一""二""三""五"4个方面：安全生产的社会责任，安全发展观，安全生产方针，事故可控制、可预防。

安全文化是由安全哲学产生的在安全方面的行为规范。

英国安全卫生执行局 HSE 认为，文化是"人们在这个世界上行事的方式"，"一个组织的安全文化是个人和群体的价值观念、态度、认识、能力和行为方式的产物，这些因素决定了对安全卫生管理的承诺和安全卫生管理的方式和水平。"

积极的安全文化体现在：

（1）领导作用的承诺。领导应证实其在安全生产管理方面的领导作用和承诺，通过：对安全生产承担全部责任，建立安全生产方针和目标，将安全生产管理融入组织的业务过程，确保提供安全生产所需的资源等。

（2）安全生产责任制。明确所有有关部门和人员的职责和权限，以及相互之间的职责界面，保证安全生产职责与其他方面的职责不相冲突。

（3）培训、意识和能力。加强安全生产培训、提高安全生产意识，为员工提供风险控制的能力保证。

（4）协商与沟通。在组织的各职能之间、各层次之间、组织和外部相关方之间进行协商与沟通，以在安全生产工作中形成共识，采取一致的行动。

（5）全员参与。全员参与安全生产的决策与实施，员工利于安全生产的所有行为都应该受到鼓励。

（6）专家咨询。认真听取专家的意见。

七、零伤害

有的企业把"零伤害"作为其安全管理追求的目标，依据和出发点是：

（1）把人的安全健康放在首位，把员工视为企业最大的财富，尊重人的肢体的完整性，免除因为工作给人带来的痛苦。

（2）所有的事故都是可以预防的。

在实施方面：

（1）提高不可接受风险的标准：所有使人受到伤害的风险，都是不可接受的。

（2）辨识出所有可能使人受到伤害的危险源，采取有效措施控制其风险。

模拟试题及考点

★1. 安全生产直接关系到_____。
A. 劳动者的生存权和劳动权　　　　　B. 社会的稳定
C. 国家煤矿资源　　　　　　　　　　D. 经济、社会的可持续发展
【考点】"一、安全生产的社会责任"。

2. 坚守发展决不能以牺牲安全为代价这条不可_____的红线。
A. 触碰　　　　　B. 接触　　　　　C. 逾越　　　　　D. 超越
【考点】"二、安全发展观"。

3. 坚持安全发展，贯彻以人民为中心的发展思想，始终把人的_____放在首位，正确处理安全与发展的关系。
A. 生命　　　　　B. 安全　　　　　C. 生命安全　　　　　D. 安全健康
【考点】"二、安全发展观"。

4. 以下叙述正确的是_____。
A. "安全第一"的含义是安全比产量、效益重要
B. "安全第一"的含义是突出安全、淡化质量
C. "预防为主"的含义是预防所有事故的发生
D. "预防为主"的含义是控制不可接受的危险，控制事故的发生频率和严重程度
【考点】"三、安全生产方针"。

5. _____的含义是：按照事故发生的规律和特点，采用适当的技术措施和管理措施，有效地控制不可接受的风险，防止事故的发生。
A. "安全第一"　　　B. "安全管理"　　　C. "预防为主"　　　D. "安全生产"
【考点】"三、安全生产方针"。

★6. "综合治理"的含义是：标本兼治、重在治本。在采取断然措施遏制重特大事故（治标）的同时，综合运用_____手段，从各个方面着手，解决影响、制约我国安全生产的历史性、深层次问题。
A. 法律　　　　　B. 经济　　　　　C. 科技　　　　　D. 人文
E. 行政
【考点】"三、安全生产方针"。

7. _____关于职业事故和职业病的危险都可以通过有效的措施予以预防和控制。
A. 所有　　　　　B. 绝大部分　　　　　C. 多数　　　　　D. 某些
【考点】"五、事故可控制、可预防"。

★8. 以下方面的措施能有效地避免职业伤害（生产安全事故）的是_____。

A. 立法　　　　　B. 管理　　　　　C. 技术　　　　　D. 教育

E. 惩戒

【考点】"五、事故可控制、可预防"。

9. 一个组织的安全文化是个人和群体的价值观念、态度、认识、能力和_____的产物，这些因素决定了安全管理的水平。

A. 伦理道德　　　B. 宗教信仰　　　C. 行为方式　　　D. 学历教育

【考点】"六、安全哲学与安全文化"。

第二节　中共中央　国务院关于推进安全生产领域改革发展的意见

以下是《中共中央　国务院关于推进安全生产领域改革发展的意见》的部分内容。

一、总体要求

（一）指导思想。

坚守发展决不能以牺牲安全为代价这条不可逾越的红线。

（二）基本原则。

——坚持安全发展。

贯彻以人民为中心的发展思想，始终把人的生命安全放在首位，正确处理安全与发展的关系。

——坚持改革创新。

——坚持依法监管。

——坚持源头防范。

严格安全生产市场准入，经济社会发展要以安全为前提，把安全生产贯穿城乡规划布局、设计、建设、管理和企业生产经营活动全过程。

——坚持系统治理。

严密层级治理和行业治理、政府治理、社会治理相结合的安全生产治理体系。

（三）目标任务。

到2020年，安全生产监管体制机制基本成熟，法律制度基本完善，全国生产安全事故总量明显减少，职业病危害防治取得积极进展，重特大生产安全事故频发势头得到有效遏制，安全生产整体水平与全面建成小康社会目标相适应。

二、健全落实安全生产责任制

（四）明确地方党委和政府领导责任。

坚持党政同责、一岗双责、齐抓共管、失职追责，完善安全生产责任体系。

地方各级党委要认真贯彻执行党的安全生产方针，在统揽本地区经济社会发展全局中同步推进安全生产工作，定期研究决定安全生产重大问题。

地方各级政府要把安全生产纳入经济社会发展总体规划，制定实施安全生产专项规划，健全安全投入保障制度。

（五）明确部门监管责任。厘清安全生产综合监管与行业监管的关系，明确各有关部门安全生产和职业健康工作职责，并落实到部门工作职责规定中。（安全生产监督管理部门，负有安全生产监督管理职责的有关部门，其他行业领域主管部门，党委和政府其他有关部门。）

（六）严格落实企业主体责任。企业对本单位安全生产和职业健康工作负全面责任，要严格履行安全生产法定责任，建立健全自我约束、持续改进的内生机制。企业实行全员安全生产责任制度，法定代表人和实际控制人同为安全生产第一责任人，主要技术负责人负有安全生产技术决策和指挥权，强化部门安全生产职责，落实一岗双责。

（七）健全责任考核机制。建立与全面建成小康社会相适应和体现安全发展水平的考核评价体系。完善考核制度，统筹整合、科学设定安全生产考核指标，加大安全生产在社会治安综合治理、精神文明建设等考核中的权重。各级政府要对同级安全生产委员会成员单位和下级政府实施严格的安全生产工作责任考核，实行过程考核与结果考核相结合。各地区各单位要建立安全生产绩效与履职评定、职务晋升、奖励惩处挂钩制度，严格落实安全生产"一票否决"制度。

（八）严格责任追究制度。实行党政领导干部任期安全生产责任制，日常工作依责尽职、发生事故依责追究。依法依规制定各有关部门安全生产权力和责任清单，尽职照单免责、失职照单问责。建立企业生产经营全过程安全责任追溯制度。严肃查处安全生产领域项目审批、行政许可、监管执法中的失职渎职和权钱交易等腐败行为。严格事故直报制度，对瞒报、谎报、漏报、迟报事故的单位和个人依法依规追责。对被追究刑事责任的生产经营者依法实施相应的职业禁入，对事故发生负有重大责任的社会服务机构和人员依法严肃追究法律责任，并依法实施相应的行业禁入。

三、改革安全监管监察体制

（九）完善监督管理体制。坚持管安全生产必须管职业健康，建立安全生产和职业健康一体化监管执法体制。

（十）改革重点行业领域安全监管监察体制。

（十一）进一步完善地方监管执法体制。

（十二）健全应急救援管理体制。

四、大力推进依法治理

（十三）健全法律法规体系。

（十四）完善标准体系。

（十五）严格安全准入制度。

严格高危行业领域安全准入条件。

对与人民群众生命财产安全直接相关的行政许可事项，依法严格管理。

（十六）规范监管执法行为。

（十七）完善执法监督机制。

各级人大常委会要定期检查安全生产法律法规实施情况，开展专题询问。各级政协要围绕安全生产突出问题开展民主监督和协商调研。

（十八）健全监管执法保障体系。

建立健全安全生产监管执法人员凡进必考、入职培训、持证上岗和定期轮训制度。

（十九）完善事故调查处理机制。

五、建立安全预防控制体系

（二十）加强安全风险管控。高危项目审批必须把安全生产作为前置条件，城乡规划布局、设计、建设、管理等各项工作必须以安全为前提，实行重大安全风险"一票否决"。

（二十一）强化企业预防措施。企业要定期开展风险评估和危害辨识。针对高危工艺、设备、物品、场所和岗位，建立分级管控制度，制定落实安全操作规程。树立隐患就是事故的观念，建立健全隐患排查治理制度、重大隐患治理情况向负有安全生产监督管理职责的部门和企业职代会"双报告"制度，实行自查自改自报闭环管理。严格执行安全生产和职业健康"三同时"制度。大力推进企业安全生产标准化建设，实现安全管理、操作行为、设备设施和作业环境的标准化。开展经常性的应急演练和人员避险自救培训，着力提升现场应急处置能力。

（二十二）建立隐患治理监督机制。对重大隐患整改不到位的企业依法采取停产停业、停止施工、停止供电和查封扣押等强制措施，按规定给予上限经济处罚。

（二十三）强化城市运行安全保障。

（二十四）加强重点领域工程治理。

（二十五）建立完善职业病防治体系。完善相关规定，扩大职业病患者救治范围，将职业病失能人员纳入社会保障范围。加强企业职业健康监管执法，督促落实职业病危害告知、日常监测、定期报告、防护保障和职业健康体检等制度措施，落实职业病防治主体责任。

六、加强安全基础保障能力建设

（二十六）完善安全投入长效机制。落实企业安全生产费用提取管理使用制度。

（二十七）建立安全科技支撑体系。构建安全生产与职业健康信息化全国"一张网"。

（二十八）健全社会化服务体系。建立政府购买安全生产服务制度。完善注册安全工程师制度。

（二十九）发挥市场机制推动作用。取消安全生产风险抵押金制度，建立健全安全生产责任保险制度，完善工伤保险制度，完善企业安全生产不良记录"黑名单"制度。

（三十）健全安全宣传教育体系。

模拟试题及考点

1. 《中共中央　国务院关于推进安全生产领域改革发展的意见》中指出，坚守发展决不能以_____为代价这条不可逾越的红线。

A. 牺牲安全　　　　B. 忽视安全　　　　C. 轻视安全　　　　D. 不顾安全

【考点】"一、（一）指导思想"。

2. 推进安全生产领域改革发展的基本原则，不包括坚持_____。

A. 安全发展　　　B. 改革创新　　　C. 依法监管　　　D. 清洁生产

E. 源头防范　　　　F. 系统治理

【考点】"一、（二）基本原则"。

3. 坚持安全发展，就是贯彻以人民为中心的发展思想，始终把_____放在首位，正确处理安全与发展的关系。

A. 人的生命　　　　B. 人的安全　　　　C. 人的生命安全　　　D. 人的生命财产安全

【考点】"一、（二）基本原则"。

4. 《中共中央　国务院关于推进安全生产领域改革发展的意见》中提出的到2020年的目标任务是：安全生产监管体制机制基本成熟，法律制度基本完善，全国生产安全事故总量_____，职业病危害防治取得_____，重特大生产安全事故频发势头得到_____，安全生产整体水平与全面建成小康社会目标相适应。

A. 显著减少，重大进展，有力遏制　　　B. 明显减少，积极进展，有效遏制

C. 显著减少，积极进展，有力遏制　　　D. 明显减少，重要进展，有效遏制

【考点】"一、（三）目标任务"。

5. 《中共中央　国务院关于推进安全生产领域改革发展的意见》要求严格落实企业主体责任，建立健全_____的内生机制。

A. 自我约束、持续改进　　　　　　　B. 自我约束、自我改进

C. 自我评价、持续改进　　　　　　　D. 自我评价、自我改进

【考点】"二、（六）严格落实企业主体责任"。

6. 《中共中央　国务院关于推进安全生产领域改革发展的意见》要求实行党政领导干部任期安全生产责任制，日常工作依责_____、发生事故依责_____。

A. 履职，处理　　　　　　　　　　　B. 尽职，处理

C. 履职，追究　　　　　　　　　　　D. 尽职，追究

【考点】"二、（八）严格责任追究制度"。

7. 《中共中央　国务院关于推进安全生产领域改革发展的意见》要求：高危项目审批必须把安全生产作为前置条件，实行重大安全风险"_____"。

A. 一票否定　　　　　　　　　　　　B. 一票否决

C. 一票推翻　　　　　　　　　　　　D. 一票拒绝

【考点】"五、（二十）加强安全风险管控"。

8. 《中共中央　国务院关于推进安全生产领域改革发展的意见》规定：企业重大隐患治理情况向_____"双报告"。

A. 安全生产监督管理部门和企业主要负责人

B. 负有安全生产监督管理职责的部门和主要负责人

C. 负有安全生产监督管理职责的部门和企业职代会

D. 安全生产监督管理部门和企业职代会

【考点】"五、（二十一）强化企业预防措施"。

第三节　基　本　概　念

一、安全、安全生产、安全生产管理、本质安全

1. 安全

免遭因不可接受风险失控而导致的后果。

GB 28001—2011《职业健康安全管理体系 要求》对"可接受风险"的定义是：根据组织法律义务和职业健康安全方针已降至组织可容许程度的风险。

2. 安全生产

在社会生产活动中，通过人、机、物料、环境的和谐运作，使生产过程中潜在的各种事故风险和危害因素始终处于有效控制状态，切实保护劳动者的生命安全和身体健康。

3. 安全生产管理

针对生产过程的安全问题，运用有效的资源，进行有关决策、计划、组织和控制等活动，实现生产过程中人与设备、物料、环境的和谐，达到安全生产的目标。

安全生产管理的目标：减少和控制危害，减少和控制事故，以避免或减少生产过程中的人身伤害、财产损失、环境破坏及其他损失。

4. 本质安全

本质安全是指通过设计等手段使生产设备或生产系统本身具有安全性，即使在误操作或发生故障的情况下也不会造成事故。具体包括两方面内容：

（1）失误——安全功能：操作者即使操作失误，也不会发生事故或伤害。

（2）故障——安全功能：设备、设施或技术工艺发生故障或损坏时，还能暂时维持正常工作或自动转变为安全状态。

上述两种安全功能应该是设备、设施和技术工艺本身固有的，即在它们的规划设计阶段就被纳入其中，而不是事后补偿的。

二、事故、危险源、风险、事故隐患、危险化学品重大危险源

1. 事故

因工作或在工作过程中引发的造成了伤害（包括死亡）和健康损害（包括职业病）、财产损失或其他损失的事件。

《生产安全事故报告和调查处理条例》（国务院令第 493 号）将"生产安全事故"定义为：生产经营活动中发生的造成人身伤亡或直接经济损失的事件。

2. 危险源（ISO 45001—2016）

可能导致事故的根源或状态。

说明：

（1）"根源或状态"指物的不安全状态、人的不安全行为、作业环境的缺陷和安全管

理的缺陷。

（2）在注册安全工程师职业资格考试中，认为能量源、能量载体和产生、储存危险物质的设备、容器或场所等也是危险源。

3. 风险（ISO 45001—2016）

不确定性的影响。

注：通常风险是以某个事件后果及其发生的可能性的组合来表述。

4. 安全生产风险

一种与工作相关的危险事件或暴露发生的可能性和由此事件或暴露造成的事故的严重程度的组合。

5. 事故隐患

《安全生产事故隐患排查治理暂行规定》将"安全生产事故隐患"定义为：生产经营单位违反安全生产法律、法规、规章、标准、规程和安全生产管理制度的规定，或者因其他因素在生产经营活动中存在可能导致事故发生的物的危险状态、人的不安全行为和管理上的缺陷。一般事故隐患，是指危害和整改难度较小，发现后能够立即整改排除的隐患。重大事故隐患，是指危害和整改难度较大，应当全部或者局部停产停业，并经过一定时间整改治理方能排除的隐患，或者因外部因素影响致使生产经营单位自身难以排除的隐患。

在注册安全工程师职业资格考试中，事故隐患指已有事故苗头的险情（包括严重违法违规行为）。事故隐患被认为是风险程度达到使事故很可能发生的危险源，即构成险情的危险源。

按此，事故隐患一定是危险源，而危险源不一定是事故隐患。

6. 危险化学品重大危险源

长期地或临时地生产、储存、使用和经营危险化学品，且危险化学品的数量等于或超过临界量的单元。

注：危险化学品重大危险源定义于危险物品的数量，通常，事故的后果严重；但，这里不涉及事故发生的可能性。因此，危险化学品重大危险源不一定是事故隐患。反之，事故隐患（包括重大事故隐患）也不一定是危险化学品重大危险源。因为，危险化学品的数量构不成重大危险源，也可能构成事故隐患。

三、职业健康安全管理体系

1. 系统

一系列相互关联、相互作用的要素组成的有机整体，目的是实现特定的任务或保持特定的功能。

2. 管理体系

组织用于制订方针、目标以及实现这些目标的过程所需的一系列相互关联或相互作用的要素。

注：体系要素包括组织的结构、岗位和职责，策划和运行，绩效评价和改进。

3. 职业健康安全管理体系

用于实现职业健康安全方针的管理体系或管理体系的一部分。

4. PDCA 模式

整个管理体系按照 PDCA，即策划—实施（支持和运行）—检查（绩效评价）—改进的模式运行，如图 1-1 所示。

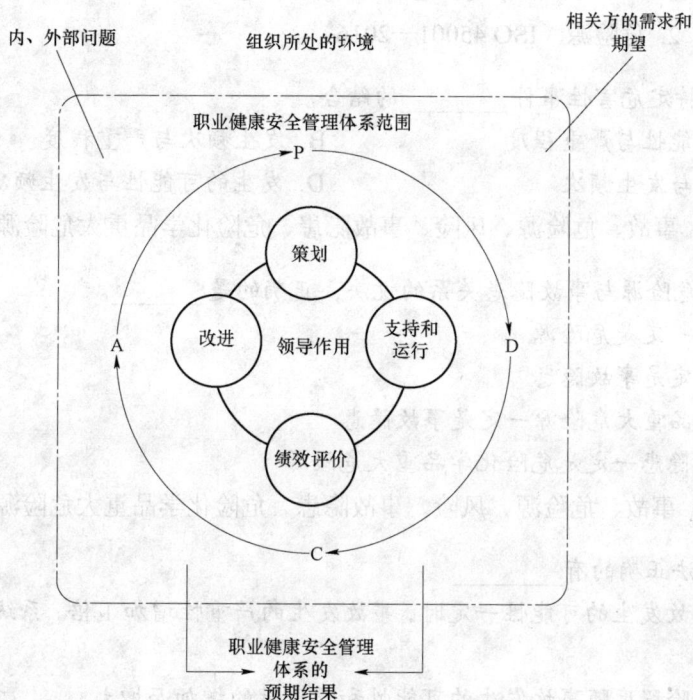

图 1-1 职业健康安全管理体系

模 拟 试 题 及 考 点

1. "安全"就是_____。

A. 不发生事故　　　　　　　　　　　B. 不发生伤亡事故

C. 不存在危险　　　　　　　　　　　D. 所存在的危险的程度是可以接受的

【考点】"一、1. 安全"。

2. 安全生产的含义：在社会生产活动中，通过人、机、物料、环境的和谐运作，使生产过程中潜在的各种事故风险和危害因素始终处于_____状态，切实保护劳动者的生命安全和身体健康。

A. 控制　　　　　B. 良好控制　　　　　C. 有效控制　　　　　D. 完全控制

【考点】"一、2. 安全生产"。

3. 本质安全是指通过_____使生产设备或生产系统本身具有安全性，即使在误操作或发生故障的情况下也不会造成事故。

A. 策划   B. 设计   C. 制造   D. 运行

【考点】"一、4. 本质安全"。

4. 危险源是可能导致事故的_____。

A. 根源或态度   B. 根源或状态   C. 状态或原因   D. 状态或态度

【考点】"二、2. 危险源（ISO 45001—2016）"。

5. 风险是某特定危害性事件_____的结合。

A. 发生的可能性与严重程度   B. 发生频次与严重程度

C. 发生时间与发生频次   D. 发生的可能性与发生频次

【考点】"二、事故、危险源、风险、事故隐患、危险化学品重大危险源"。

6. 下列关于危险源与事故隐患关系的说法，正确的是_____。

A. 事故隐患一定是危险源

B. 危险源一定是事故隐患

C. 危险化学品重大危险源一定是事故隐患

D. 重大事故隐患一定是危险化学品重大危险源

【考点】"二、事故、危险源、风险、事故隐患、危险化学品重大危险源"。

★7. 下列说法正确的有_____。

A. 当系统事故发生的可能性一定时，事故发生的严重性增加1倍，系统的风险程度就增加1倍

B. 系统的风险程度随事故发生的可能性和严重性的增加而增大

C. 系统的风险程度随事故发生的可能性的增加而增大

D. 系统的风险程度随事故发生的可能性和严重性的增加而减少

【考点】"二、事故、危险源、风险、事故隐患、危险化学品重大危险源"。

说明：

风险程度是事故发生的可能性与严重性的二元函数，但函数不一定是线性的。

8. 以下说法正确的有_____。

A. 9t 的氨气储罐是危险源   B. 9t 的氨气储罐是危险化学品重大危险源

C. 9t 的氨气储罐是事故隐患   D. 9t 的氨气储罐是重大事故隐患

【考点】"二、事故、危险源、风险、事故隐患、危险化学品重大危险源"。

说明：

（1）氨气储罐是储存危险物质氨气的设备。

（2）氨气储量达到临界量10t或以上时，氨气储罐构成危险化学品重大危险源。

（3）不知道风险程度，就谈不上是否事故隐患。

★9. 针对苯及其回收装置，下列说法正确的有_____。

A. 因为苯是危险化学品，所以苯是危险源

B. 有苯的苯回收装置是危险源

C. 因为苯是危险化学品，所以苯是事故隐患

D. 泄漏苯的苯回收装置是事故隐患

【考点】"二、事故、危险源、风险、事故隐患、危险化学品重大危险源"。

说明：

（1）有苯的苯回收装置是危险物质苯的生产设备。

（2）苯泄漏，构成事故险情。

★10. 下列说法正确的有_____。

A. 整个厂是一个系统

B. 厂中的一个班组不能成为一个系统

C. 整个厂的生产工艺构成一个系统

D. 整个厂生产工艺的一部分不能构成一个系统

【考点】"三、职业健康安全管理体系"。

11. 职业健康安全管理体系的 PDCA 模式，包括_____。

A. 策划—支持和运行—绩效评价—改进　　B. 策划—支持—运行—绩效评价

C. 策划—运行—绩效评价—改进　　　　　D. 策划—支持—运行—改进

【考点】"三、职业健康安全管理体系"。

第四节　现代安全生产管理理论

一、安全生产管理原理与原则

安全生产管理原理是从生产管理的共性出发，对生产管理中安全工作的实质内容进行科学分析、综合、抽象与概括所得出的安全生产管理规律。

安全生产原则是指在生产管理原理的基础上，指导安全生产活动的通用规则。

1. 系统原理

（1）含义。

人们在从事管理工作时，运用系统理论、观点和方法，对管理活动进行充分的系统分析，以达到管理的优化目标，即用系统论的观点、理论和方法来认识和处理管理中出现的问题。

管理系统有六个特征：集合性、相关性、目的性、整体性、层次性和适应性。

安全生产管理系统是生产管理的一个子系统，贯穿于生产活动的方方面面，是全方位、全天候且涉及全体人员的管理。

（2）运用系统原理的原则。

1）动态相关性原则：构成管理系统的各要素是运动和发展的，它们相互联系又相互制约。

2）整分合原则：在整体规划下明确分工，在分工基础上有效综合。

3）反馈原则：及时捕获、反馈各种安全生产信息，以便及时采取行动。

4）封闭原则：在任何一个管理系统内部，管理手段、管理过程等必须构成一个连续封闭的回路，才能形成有效的管理活动。

2. 人本原理

（1）含义。

在管理中必须把人的因素放在首位，体现以人为本的指导思想。

以人为本有两层含义：① 一切管理活动都是以人为本展开的，人既是管理的主体，又是管理的客体，每个人都处在一定的管理层面上，离开人就无所谓管理；② 管理活动中，作为管理对象的要素和管理系统各环节，都需要人掌管、运作、推动和实施。

（2）运用人本原理的原则。

1）动力原则：推动管理活动的基本力量是人，管理必须有能够激发人的工作能力的动力。（管理系统有三种动力：物质动力、精神动力和信息动力。）

2）能级原则：在管理系统中，建立一套合理能级，根据单位和个人能量的大小安排其工作，发挥不同能级的能量，保证结构的稳定性和管理的有效性。

3）激励原则：以科学的手段，激发人的内在潜力，使其充分发挥积极性、主动性和创造性（人的工作动力来源于内在动力、外部压力和工作吸引力）。

4）行为原则：人类的行为规律是需要决定动机，动机产生行为，行为指向目标，目标完成则需要得到满足，于是又产生新的需要、动机、行为，以实现新的目标。（安全生产工作重点之一是防止人的不安全行为）

3. 预防原理

（1）含义。

安全生产管理应以预防为主，通过有效的管理和技术手段，减少和防止人的不安全行为和物的不安全状态，从而使事故发生的概率降到最低。

（2）运用预防原理的原则。

1）偶然损失原则：反复发生的同类事故，并不一定产生完全相同的后果。因此，无论事故损失大小，都必须做好预防工作。

2）因果关系原则：事故的发生是许多因素互为因果连续发生的最终结果，只要诱发事故的因素存在，发生事故是必然的，只是时间或迟或早而已。

3）3E原则：针对造成人、物的不安全因素的四方面原因——技术原因、教育原因、身体和态度原因以及管理原因，采取三种防止对策，即工程技术对策、教育对策和法制对策。

4）本质安全化原则：从一开始和从本质上实现安全化，从根本上消除事故发生的可能性。

4. 强制原理

（1）含义。

采取强制管理的手段控制人的意愿和行为，使个人的活动、行为等受到安全生产管理要求的约束，从而实现有效的安全生产管理。

（2）运用强制原理的原则。

1）安全第一原则：在进行生产和其他工作时，把安全工作放在一切工作的首要位置。当生产或其他工作与安全发生矛盾时，要服从安全。

2）监督原则：为了使安全生产法律法规得到落实，必须对企业生产中的守法和执法情况进行监督。

二、事故致因理论

1. 事故频发倾向理论

在事故原因研究的初期，有人提出唯心主义的"有事故倾向的工人"的理论，认为事故倾向是某些个人的固有特性，但这种理论从未被实践所证实。

2. 事故因果连锁理论

（1）海因里希因果连锁理论。

20 世纪 30 年代，著名安全专家海因里希（Heinrich）的"多米诺理论"，把事故的直接原因和社会因素联系起来，海因里希因果连锁过程包括五个要素：遗传及社会环境、人的缺点、人的不安全行为或物的不安全状态、事故、伤害。

海因里希明确了消除物、人两方面不安全因素的重要性，但"多米诺理论"仍然属于单因素理论，"骨牌"间的关系也并非是必然的。

（2）现代因果连锁理论。

博得因果连锁过程包括五个要素：管理失误、个人原因或工作条件、人的不安全行为或物的不安全状态、事故、伤亡。

3. 能量意外释放理论

人受伤害的原因是某种能量的转移。在一定条件下某种形式的能量能否产生伤害，取决于能量的大小、接触能量的时间长短和频率以及能量的集中程度。

根据此理论，可以利用各种屏蔽来防止意外的能量转移，从而防止事故发生。

4. 系统安全理论

近代科技的发展特别是由电气工程而来的控制论（Weiner，1948）的发展，以及安全生产工作的实践经验，使人们脱离了单纯强调某一个侧面的片面思维，认识到事故的发生是工作系统机能不良的结果。

该理论认为：

（1）世界上不存在绝对安全的事物，任何人类活动中都潜伏着危险因素。作为系统元素的人（工人、设计人员、管理人员）在发挥其功能时会发生失误。

（2）必须改进工作系统（技术系统）的设计，通过改善物的（硬件）的可靠性来提高系统的安全性。

（3）在系统生命周期内应用系统安全工程和管理方法，辨识系统中的危险源，并采取有效的控制措施使其风险程度降到可以接受的程度，从而使系统在规定的性能、时间和成本范围内达到最佳的安全程度。

5. 管理缺陷是导致事故的根本原因

实践证明，管理缺陷是导致事故的根本原因。

在系统安全理论的基础上，约翰逊（W.C.Johnson）提出"管理疏忽和危险树"（Management Oversight and Risk Tree）方法，把管理缺陷和物、人的不安全因素联系起来，引入事故预防和安全管理中。

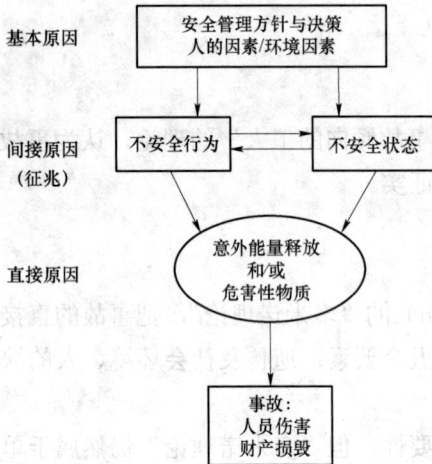

图 1-2　OSHA 事故致因模型

美国职业安全健康管理局（OSHA）认为，事故通常是复杂的，一个事故可能有 10 个或更多的前导事件。细致的事故分析应当揭示三个原因层次。最低一级——事故的直接原因是人或物接收了超过允许限度的能量或危害性物质；而这是由于一种或多种不安全行为或不安全状态或两者的组合而造成的——这是间接原因或"征兆"；间接原因是由基本原因——不良的管理方针和决策或人的或环境的因素导致的。OSHA 事故致因模型如图 1-2 所示。

日本劳动省认为事故是由于物与人之间发生了不希望的接触所致，之所以发生这种接触，是因为存在物的不安全状态和人的不安全行为，而物的不安全状态和人的不安全行为是安全管理的缺陷造成的。

图 1-3 是基本模型，它表明伤害是物、人相接触的结果。图中水平的虚线框代表物的运动序列，竖直的虚线框代表人的运动序列。由于起因物存在不安全状态、人有不安全行为，导致加害物与人体发生了接触，使人受到伤害。之所以会有不安全状态、不安全行为，是因为安全管理存在缺陷。

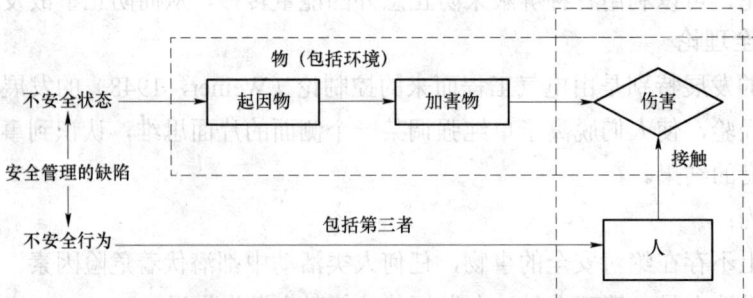

图 1-3　日本劳动省第一种模型（基本模型）

起因物是由于存在不安全状态引起事故或使事故能发生的物体或物质。

不安全状态是使事故能发生的不安全的物体条件或物质条件。

不安全行为是违反安全规则或安全原则，使事故有可能或有机会发生的行为。

加害物是与人体接触（直接接触或人体暴露于其中）使人受到伤害的物体或物质。

例如，由于脚手架（起因物）没有护栏（不安全状态）、作业人员工作时不系安全带（不安全行为），导致高处坠落事故的发生。加害物是地面。

图1-4与图1-3的不同之处是：由于起因物存在不安全状态而导致事故，事故又导致加害物与人体的接触。例如，锅炉（起因物）因憋压运行（不安全状态）而爆炸，作业人员无防护（不安全行为），烫水或高温蒸汽或金属碎片（加害物）使人受伤。

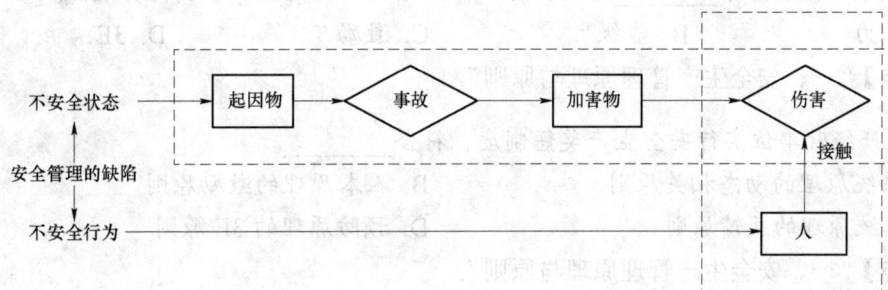

图1-4　日本劳动省第二种模型

上面两个模型中，之所以出现"没有护栏""憋压运行""不系安全带""无防护"，都是由于安全管理上存在缺陷。

还有两种复杂模型，与两种简单模型相对应，分别反映伤害连续和事故连续的情况。

上述模型是从大量事故经历中总结出来的。例如：日本劳动省调查了50万件事故，详细分析了制造业的一万多起事故，才得到了反应绝大多数事故共性规律的致因模型。

美、日两种模型基本上是一致的。日本劳动省模型中的"伤害"（接触）即OSHA模型中的"意外能量释放和/或危害性物质"。美、日的模型都认为职业健康安全管理上的缺陷是事故发生的根本原因，这和我国关于事故的认识是一致的。

6. 安全生产（职业健康安全）管理体系

英国安全卫生执行局（HSE）《有效的健康安全管理》（HSG 65，1977年版）认为职业健康安全管理由三个层次组成：

一级——职业健康安全管理体系；

二级——危险控制系统，包括输入、过程、输出的各种过程；

三级——工作场所预防措施，例如：机械防护，局部排风。

第三级——工作场所预防措施是由第二级——危险控制系统决定的，而这一级是由第一级——职业健康安全管理体系决定的。只有有一个好的一级管理，才可能有有效的二级管理和三级管理。

OHSMS 18001—2007《职业健康安全管理体系　要求》和ISO 45001—2016《职业健康安全管理　要求及使用指南》已成为认识事故原因并进行事故预防的指导。

模 拟 试 题 及 考 点

1. 下述不是应用系统原理的原则的是_____。

A. 反馈原则　　　　B. 封闭原则　　　　C. 整分合原则　　　　D. 因果关系原则

E. 动态相关性原则

【考点】"一、安全生产管理原理与原则"。

2. 下列不属于人本原理的原则的是_____。

A. 监督原则　　　　B. 动力原则　　　　C. 能级原则　　　　D. 激励原则

【考点】"一、安全生产管理原理与原则"。

3. 利用人本原理的_____原则，可以保证结构的稳定性和管理的有效性。

A. 动力　　　　B. 能级　　　　C. 激励　　　　D. 3E

【考点】"一、安全生产管理原理与原则"。

4. 生产经营单位实行安全生产奖惩制度，符合_____。

A. 系统原理的动态相关原则　　　　B. 人本原理的激励原则

C. 系统原理的反馈原则　　　　　　D. 预防原理的 3E 原则

【考点】"一、安全生产管理原理与原则"。

5. "连锁"装置是对预防原理的_____的应用。

A. 因果关系原则　　　　　　　　　B. 3E 原则

C. 本质安全化原则　　　　　　　　D. 偶然损失原则

【考点】"一、安全生产管理原理与原则"。

6. 预防原理的_____原则的含义是说反复发生的同类事故，并不一定产生完全相同的后果，因此无论事故损失大小，都必须做好预防工作。

A. 因果关系　　　　B. 强制　　　　C. 3E　　　　D. 偶然损失

【考点】"一、安全生产管理原理与原则"。

7. 为了使安全生产法律法规得到落实，国家设立安全生产监督管理部门，对企业的守法情况进行监督，这种做法符合_____原理中的_____原则。

A. 系统，整分合　　　B. 人本，能级　　　C. 预防，三 E　　　D. 强制，监督

【考点】"一、安全生产管理原理与原则"。

8. 博得因果连锁过程包括的五个要素为_____。

A. 人的缺点、人的不安全行为或物的不安全状态、能量意外释放、事故、伤害

B. 遗传及社会环境、人的缺点、人的不安全行为或物的不安全状态、事故、伤害

C. 人的缺点、管理失误、人的不安全行为或物的不安全状态、事故、伤亡

D. 管理失误、个人原因或工作条件、人的不安全行为或物的不安全状态、事故、伤亡

【考点】"二、事故致因理论"。

9. 根据能量意外释放理论，可以利用各种屏蔽来防止意外的能量_____，从而防止事故发生。

A. 转移　　　　B. 发生　　　　C. 集中　　　　D. 破坏

【考点】"二、事故致因理论"。

第二章

生产经营单位的安全生产管理

第一节 企业安全生产标准化基本规范

以下内容摘自 GB/T 33000—2016《企业安全生产标准化基本规范》。

3 术语和定义

3.1 企业安全生产标准化

企业通过落实安全生产主体责任，全员全过程参与，建立并保持安全生产管理体系，全面管控生产经营活动各环节的安全生产与职业卫生工作，实现安全健康管理系统化，岗位操作行为规范化、设备设施本质安全化、作业环境器具定置化，并持续改进。

3.2 安全生产绩效

根据安全生产和职业卫生目标，在安全生产、职业卫生等工作方面取得的可测量结果。

3.8 安全风险

发生危险事件或有害暴露的可能性，与随之引发的人身伤害、健康损害或财产损失的严重性的组合。

3.9 安全风险评估

运用定性或定量的统计分析方法对安全风险进行分析、确定其严重程度，对现有控制措施的充分性、可靠性加以考虑，以及对其是否可接受予以确定的过程。

3.13 持续改进

为了实现对整体安全生产绩效的改进，根据企业的安全生产和职业卫生目标，不断对安全生产和职业卫生工作进行强化的过程。

4 一般要求

4.1 原则（略）

4.2 建立和保持

企业应采用"策划、实施、检查、改进"的"PDCA"动态循环模式，按照本标准的规定，结合企业自身特点，自主建立并保持安全生产标准化管理体系；通过自我检查、自我纠正和自我完善，构建安全生产长效机制，持续提升安全生产绩效。

4.3 自评和评审

企业安全生产标准化管理体系的运行情况，采用企业自评和评审单位评审的方式进行评估。

5 核心要求

5.1 目标职责

5.1.1 目标

企业应根据自身安全生产实际,制定文件化的总体和年度安全生产与职业卫生目标,并纳入企业总体生产经营目标。明确目标的制定、分解、实施、检查、考核等环节要求,并按照所属基层单位和部门在生产经营活动中所承担的职能,将目标分解为指标,确保落实。

企业应定期对安全生产与职业卫生目标、指标实施情况进行评估和考核,并结合实际及时进行调整。

5.1.2 机构和职责

5.1.2.1 机构设置

企业应落实安全生产组织领导机构,成立安全生产委员会,并应按照有关规定设置安全生产和职业卫生管理机构,或配备相应的专职或兼职安全生产和职业卫生管理人员,按照有关规定配备注册安全工程师,建立健全从管理机构到基层班组的管理网络。

5.1.2.2 主要负责人及管理层职责

企业主要负责人全面负责安全生产和职业卫生工作,并履行相应责任和义务。

分管负责人应对各自职责范围内的安全生产和职业卫生工作负责。

各级管理人员应按照安全生产和职业卫生责任制的相关要求,履行其安全生产和职业卫生职责。

5.1.3 全员参与

企业应建立健全安全生产和职业卫生责任制,明确各级部门和从业人员的安全生产和职业卫生职责,并对职责的适宜性、履职情况进行定期评估和监督考核。

企业应为全员参与安全生产和职业卫生工作创造必要的条件,建立激励约束机制,鼓励从业人员积极建言献策,营造自下而上、自上而下全员重视安全生产和职业卫生的良好氛围,不断改进和提升安全生产和职业卫生管理水平。

5.1.4 安全生产投入

企业应建立安全生产投入保障制度,按照有关规定提取和使用安全生产费用,并建立使用台账。

企业应按照有关规定,为从业人员缴纳相关保险费用。企业宜投保安全生产责任保险。

5.1.5 安全文化建设

企业应开展安全文化建设,确立本企业的安全生产和职业病危害防治理念及行为准则,并教育、引导全体从业人员贯彻执行。

5.1.6 安全生产信息化建设(略)

5.2 制度化管理

5.2.1 法规标准识别

企业应建立安全生产和职业卫生法律法规、标准规范的管理制度,明确主管部门,确定获取的渠道、方式,及时识别和获取适用、有效的法律法规、标准规范,建立安全生产和职业卫生法律法规、标准规范清单和文本数据库。

企业应将适用的安全生产和职业卫生法律法规、标准规范的相关要求及时转化为本单位的规章制度、操作规程，并及时传达给相关从业人员，确保相关要求落实到位。

5.2.2 规章制度

企业应建立健全安全生产和职业卫生规章制度，并征求工会及从业人员意见和建议，规范安全生产和职业卫生管理工作。

企业应确保从业人员及时获取制度文本。

5.2.3 操作规程

企业应按照有关规定，结合本企业生产工艺、作业任务特点以及岗位作业安全风险与职业病防护要求，编制齐全适用的岗位安全生产和职业卫生操作规程，发放到相关岗位员工，并严格执行。

5.2.4 文档管理

5.2.4.1 记录管理

企业应建立文件和记录管理制度，明确安全生产和职业卫生规章制度、操作规程的编制、评审、发布、使用、修订、作废以及文件和记录管理的职责、程序和要求。

企业应建立健全主要安全生产和职业卫生过程与结果的记录，并建立和保存有关记录的电子档案，支持查询和检索，便于自身管理使用和行业主管部门调取检查。

5.2.4.2 评估

企业应每年至少评估一次安全生产和职业卫生法律法规、标准规范、规章制度、操作规程的适宜性、有效性和执行情况。

5.2.4.3 修订

企业应根据评估结果、安全检查情况、自评结果、评审情况、事故情况等，及时修订安全生产和职业卫生规章制度、操作规程。

5.3 教育培训

5.3.1 教育培训管理

企业应建立健全安全教育培训制度，按照有关规定进行培训。培训大纲、内容、时间应满足有关标准的规定。

企业安全教育培训应包括安全生产和职业卫生的内容。

企业应明确安全教育培训主管部门，定期识别安全教育培训需求，制定、实施安全教育培训计划，并保证必要的安全教育培训资源。

企业应如实记录全体从业人员的安全教育和培训情况，建立安全教育培训档案和从业人员个人安全教育培训档案，并对培训效果进行评估和改进。

5.3.2 人员教育培训

5.3.2.1 主要负责人和管理人员（略）

5.3.2.2 从业人员（略）

5.3.2.3 外来人员（略）

5.4 现场管理

5.4.1 设备设施管理

5.4.1.1 设备设施建设

企业总平面布置应符合 GB 50187 的规定，建筑设计防火和建筑灭火器配置应分别符合

GB 50016 和 GB 50140 的规定；建设项目的安全设施和职业病防护设施应与建设项目主体工程同时设计、同时施工、同时投入生产和使用。

企业应按照有关规定进行建设项目安全生产、职业病危害评价，严格履行建设项目安全设施和职业病防护设施设计审查、施工、试运行、竣工验收等管理程序。

5.4.1.2　设备设施验收

企业应执行设备设施采购、到货验收制度，购置、使用设计符合要求、质量合格的设备设施。设备设施安装后企业应进行验收，并对相关过程及结果进行记录。

5.4.1.3　设备设施运行

企业应对设备设施进行规范化管理，建立设备设施管理台账。

企业应有专人负责管理各种安全设施以及检测与监测设备，定期检查维护并做好记录。

企业应针对高温、高压和生产、使用、储存易燃、易爆、有毒、有害物质等高风险设备，以及海洋石油开采特种设备和矿山井下特种设备，建立运行、巡检、保养的专项安全管理制度，确保其始终处于安全可靠的运行状态。

安全设施和职业病防护设施不应随意拆除、挪用或弃置不用；确因检维修拆除的，应采取临时安全措施，检维修完毕后立即复原。

5.4.1.4　设备设施检维修

企业应建立设备设施检维修管理制度，制订综合检维修计划，加强日常检维修和定期检维修管理，落实"五定"原则，即定检维修方案、定检维修人员、定安全措施、定检维修质量、定检维修进度，并做好记录。

检维修方案应包含作业安全风险分析、控制措施、应急处置措施及安全验收标准。检维修过程中应执行安全控制措施，隔离能量和危险物质，并进行监督检查，检维修后应进行安全确认。检维修过程中涉及危险作业的，应按照 5.4.2.1 执行。

5.4.1.5　检测检验

特种设备应按照有关规定，委托具有专业资质的检测、检验机构进行定期检测、检验。涉及人身安全、危险性较大的海洋石油开采特种设备和矿山井下特种设备，应取得矿用产品安全标志或相关安全使用证。

5.4.1.6　设备设施拆除、报废

企业应建立设备设施报废管理制度。设备设施的报废应办理审批手续，在报废设备设施拆除前应制定方案，并在现场设置明显的报废设备设施标志。报废、拆除涉及许可作业的，应按照 5.4.2.1 执行，并在作业前对相关作业人员进行培训和安全技术交底。报废、拆除应按方案和许可内容组织落实。

5.4.2　作业安全

5.4.2.1　作业环境和作业条件

企业应事先分析和控制生产过程及工艺、物料、设备设施、器材，通道、作业环境等存在的安全风险。

生产现场应实行定置管理，保持作业环境整洁。

生产现场应配备相应的安全、职业病防护用品（具）及消防设施与器材，按照有关规定设置应急照明、安全通道，并确保安全通道畅通。

企业应对临近高压输电线路作业、危险场所动火作业、有（受）限空间作业、临时用电作业、爆破作业、封道作业等危险性较大的作业活动，实施作业许可管理，严格履行作业许可审批手续，作业许可应包含安全风险分析、安全及职业病危害防护措施、应急处置等内容。作业许可实行闭环管理。

企业应对作业人员的上岗资格、条件等进行作业前的安全检查，做到特种作业人员持证上岗，并安排专人进行现场安全管理，确保作业人员遵守岗位操作规程和落实安全及职业病危害防护措施。

企业应采取可靠的安全技术措施，对设备能量和危险有害物质进行屏蔽或隔离。

两个以上作业队伍在同一作业区域内进行作业活动时，不同作业队伍相互之间应签订管理协议，明确各自的安全生产、职业卫生管理职责和采取的有效措施，并指定专人进行检查与协调。

危险化学品生产、经营、储存和使用单位的特殊作业，应符合 GB 30871 的规定。

5.4.2.2　作业行为

企业应依法合理进行生产作业组织和管理，加强对从业人员作业行为的安全管理，对设备设施、工艺技术以及从业人员作业行为等进行安全风险辨识，采取相应的措施，控制作业行为安全风险。

企业应监督、指导从业人员遵守安全生产和职业卫生规章制度、操作规程，杜绝违章指挥、违规作业和违反劳动纪律的"三违"行为。

企业应为从业人员配备与岗位安全风险相适应的、符合 GB/T 11651 规定的个体防护装备与用品，并监督、指导从业人员按照有关规定正确佩戴、使用、维护、保养和检查个体防护装备与用品。

5.4.2.3　岗位达标

企业应建立班组安全活动管理制度，开展岗位达标活动，明确岗位达标的内容和要求。

从业人员应熟练掌握本岗位安全职责、安全生产和职业卫生操作规程、安全风险及管控措施、防护用品使用、自救互救及应急处置措施。

5.4.2.4　相关方

企业应建立承包商、供应商等安全管理制度，将承包商、供应商等相关方的安全生产和职业卫生纳入企业内部管理，对承包商、供应商等相关方的资格预审、选择、作业人员培训、作业过程检查监督、提供的产品与服务、绩效评估、续用或退出等进行管理。

企业应建立合格承包商、供应商等相关方的名录和档案，定期识别服务行为安全风险，并采取有效的控制措施。

企业不应将项目委托给不具备相应资质或安全生产、职业病防护条件的承包商、供应商等相关方。企业应与承包商、供应商等签订合作协议，明确规定双方的安全生产及职业病防护的责任和义务。

5.4.3　职业健康

5.4.3.1　基本要求

企业应为从业人员提供符合职业卫生要求的工作环境和条件，为接触职业病危害的从业人员提供个人使用的职业病防护用品，建立健全职业卫生档案和健康监护档案。

产生职业病危害的工作场所应设置相应的职业病防护设施，并符合 GBZ1 的规定。

企业应确保使用有毒、有害物品的工作场所与生活区、辅助生产区分开，工作场所不应住人；将有害作业与无害作业分开，高毒工作场所与其他工作场所隔离。

对可能导致发生急性职业病危害的有毒、有害工作场所，应设置检测报警装置，制定应急预案，配置现场急救用品、设备，设置应急撤离通道和必要的泄险区，并定期检查监测。

企业应组织从业人员进行上岗前、在岗期间、特殊情况应急后和离岗时的职业健康检查，将检查结果书面如实告知从业人员并存档。对检查结果异常的从业人员，应及时就医，并定期复查。企业不应安排未经职业健康检查的从业人员从事接触职业病危害的作业；不应安排有职业禁忌的从业人员从事禁忌作业。从业人员的职业健康监护应符合 GBZ 188 的规定。

各种防护用品、各种防护器具应定点存放在安全、便于取用的地方，建立台账，并有专人负责保管，定期校验、维护和更换。

涉及放射工作场所和放射性同位素运输、储存的企业，应配置防护设备和报警装置，为接触放射线的从业人员佩戴个人剂量计。

5.4.3.2 职业病危害告知

企业与从业人员订立劳动合同时，应将工作过程中可能产生的职业病危害及其后果和防护措施如实告知从业人员，并在劳动合同中写明。

企业应按照有关规定，在醒目位置设置公告栏，公布有关职业病防治的规章制度、操作规程、职业病危害事故应急救援措施和工作场所职业病危害因素检测结果。对存在或产生职业病危害的工作场所、作业岗位、设备、设施，应在醒目位置设置警示标识和中文警示说明；使用有毒物品作业场所，应设置黄色区域警示线，警示标识和中文警示说明；高毒作业场所应设置红色区域警示线、警示标识和中文警示说明，并设置通信报警设备。高毒物品作业岗位职业病危害告知应符合 GBZ/T 203 的规定。

5.4.3.3 职业病危害项目申报

企业应按照有关规定，及时、如实向所在地安全监管部门申报职业病危害项目，并及时更新信息。

5.4.3.4 职业病危害检测与评价

企业应改善工作场所职业卫生条件，控制职业病危害因素浓（强）度不超过 GBZ 2.1，GBZ 2.2 规定的限值。

企业应对工作场所职业病危害因素进行日常监测，并保存监测记录。存在职业病危害的，应委托具有相应资质的职业卫生技术服务机构进行定期检测，每年至少进行一次全面的职业病危害因素检测；职业病危害严重的，应委托具有相应资质的职业卫生技术服务机构，每 3 年至少进行一次职业病危害现状评价。检测、评价结果存入职业卫生档案，并向安全监管部门报告，向从业人员公布。

定期检测结果中职业病危害因素浓度或强度超过职业接触限值的，企业应根据职业卫生技术服务机构提出的整改建议，结合本单位的实际情况，制定切实有效的整改方案，立即进行整改。整改落实情况应有明确的记录并存入职业卫生档案备查。

5.4.4 警示标志

企业应按照有关规定和工作场所的安全风险特点，在有重大危险源、较大危险因素和严重职业病危害因素的工作场所，设置明显的，符合有关规定要求的安全警示标志和职业病危害警示标识。其中，警示标志的安全色和安全标志应分别符合 GB 2893 和 GB 2894 的规定，道路交通标志和标线应符合 GB 5768（所有部分）的规定，工业管道安全标识应符合 GB 7231 的规定，消防安全标志应符合 GB 13495.1 的规定，工作场所职业病危害警示标识应符合 GBZ 158 的规定。安全警示标志和职业病危害警示标识应标明安全风险内容、危险程度、安全距离、防控办法、应急措施等内容；在有重大隐患的工作场所和设备设施上设置安全警示标志，标明治理责任、期限及应急措施；在有安全风险的工作岗位设置安全告知卡，告知从业人员本企业、本岗位主要危险有害因素，后果、事故预防及应急措施、报告电话等内容。

企业应定期对警示标志进行检查维护，确保其完好有效。

企业应在设备设施施工、吊装、检维修等作业现场设置警戒区域和警示标志，在检维修现场的坑、井、渠、沟、陡坡等场所设置围栏和警示标志，进行危险提示、警示，告知危险的种类、后果及应急措施等。

5.5　安全风险管控及隐患排查治理

5.5.1　安全风险管理

5.5.1.1　安全风险辨识

企业应建立安全风险辨识管理制度，组织全员对本单位安全风险进行全面、系统的辨识。

安全风险辨识范围应覆盖本单位的所有活动及区域，并考虑正常、异常和紧急三种状态及过去、现在和将来三种时态。安全风险辨识应采用适宜的方法和程序，且与现场实际相符。

企业应对安全风险辨识资料进行统计、分析，整理和归档。

5.5.1.2　安全风险评估

企业应建立安全风险评估管理制度，明确安全风险评估的目的、范围、频次、准则和工作程序等。

企业应选择合适的安全风险评估方法，定期对所辨识出的存在安全风险的作业活动、设备设施、物料等进行评估。在进行安全风险评估时，至少应从影响人、财产和环境三个方面的可能性和严重程度进行分析。

矿山、金属冶炼和危险物品生产、储存企业，每 3 年应委托具备规定资质条件的专业技术服务机构对本企业的安全生产状况进行安全评价。

5.5.1.3　安全风险控制

企业应选择工程技术措施、管理控制措施、个体防护措施等，对安全风险进行控制。

企业应根据安全风险评估结果及生产经营状况等，确定相应的安全风险等级，对其进行分级分类管理，实施安全风险差异化动态管理，制定并落实相应的安全风险控制措施。

企业应将安全风险评估结果及所采取的控制措施告知相关从业人员，使其熟悉工作岗位和作业环境中存在的安全风险，掌握、落实应采取的控制措施。

5.5.1.4　变更管理

企业应制定变更管理制度。变更前应对变更过程及变更后可能产生的安全风险进行分析，制定控制措施，履行审批及验收程序，并告知和培训相关从业人员。

5.5.2　重大危险源辨识与管理

企业应建立重大危险源管理制度，全面辨识重大危险源，对确认的重大危险源制定安全管理技术措施和应急预案。

涉及危险化学品的企业应按照 GB 18218 的规定，进行重大危险源辨识和管理。

企业应对重大危险激进行登记建档，设置重大危险源监控系统，进行日常监控，并按照有关规定向所在地安全监管部门备案。重大危险源安全监控系统应符合 AQ 3035 的技术规定。

5.5.3 隐患排查治理

5.5.3.1 隐患排查

企业应建立隐患排查治理制度，逐级建立并落实从主要负责人到每位从业人员的隐患排查治理和防控责任制，并按照有关规定组织开展隐患排查治理工作，及时发现并消除隐患，实行隐患闭环管理。

企业应根据有关法律法规、标准规范等，组织制定各部门、岗位、场所、设备设施的隐患排查治理标准或排查清单，明确隐患排查的时限、范围，内容、频次和要求，并组织开展相应的培训。隐患排查的范围应包括所有与生产经营相关的场所、人员、设备设施和活动，包括承包商、供应商等相关方服务范围。

企业应按照有关规定，结合安全生产的需要和特点，采用综合检查、专业检查、季节性检查、节假日检查、日常检查等不同方式进行隐患排查。对排查出的隐患，按照隐患的等级进行记录，建立隐患信息档案，并按照职责分工实施监控治理。组织有关专业技术人员对本企业可能存在的重大隐患做出认定，并按照有关规定进行管理。

企业应将相关方排查出的隐患统一纳入本企业隐患管理。

5.5.3.2 隐患治理

企业应根据隐患排查的结果，制定隐患治理方案，对隐患及时进行治理。

企业应按照责任分工立即或限期组织整改一般隐患。主要负责人应组织制定并实施重大隐患治理方案。治理方案应包括目标和任务、方法和措施、经费和物资、机构和人员、时限和要求、应急预案。

企业在隐患治理过程中，应采取相应的监控防范措施。隐患排除前或排除过程中无法保证安全的，应从危险区域内撤出作业人员，疏散可能危及的人员，设置警戒标志，暂时停产停业或停止使用相关设备、设施。

5.5.3.3 验收与评估

隐患治理完成后，企业应按照有关规定对治理情况进行评估、验收。重大隐患治理完成后，企业应组织本企业的安全管理人员和有关技术人员进行验收或委托依法设立的为安全生产提供技术、管理服务的机构进行评估。

5.5.3.4 信息记录，通报和报送

企业应如实记录隐患排查治理情况，至少每月进行统计分析，及时将隐患排查治理情况向从业人员通报。

5.5.4 预测预警

企业应根据生产经营状况、安全风险管理及隐患排查治理、事故等情况，运用定量或定性的安全生产预测预警技术，建立体现企业安全生产状况及发展趋势的安全生产预测预警体系。

5.6 应急管理

5.6.1 应急准备

5.6.1.1 应急救援组织

企业应按照有关规定建立应急管理组织机构或指定专人负责应急管理工作,建立与本企业安全生产特点相适应的专(兼)职应急救援队伍。按照有关规定可以不单独建立应急救援队伍的,应指定兼职救援人员,并与邻近专业应急救援队伍签订应急救援服务协议。

5.6.1.2 应急预案

企业应在开展安全风险评估和应急资源调查的基础上,建立生产安全事故应急预案体系,制定符合 GB/T 29639 规定的生产安全事故应急预案。针对安全风险较大的重点场所(设施)制定现场处置方案,并编制重点岗位、人员应急处置卡。

企业应按照有关规定将应急预案报当地主管部门备案,并通报应急救援队伍、周边企业等有关应急协作单位。

企业应定期评估应急预案,及时根据评估结果或实际情况的变化进行修订和完善,并按照有关规定将修订的应急预案及时报当地主管部门备案。

5.6.1.3 应急设施、装备、物资

企业应根据可能发生的事故种类特点,按照有关规定设置应急设施,配备应急装备,储备应急物资,建立管理台账,安排专人管理,并定期检查、维护、保养,确保其完好、可靠。

5.6.1.4 应急演练

企业应按照 AQ/T 9007 的规定定期组织公司(厂、矿)、车间(工段、区、队)、班组开展生产安全事故应急演练,做到一线从业人员参与应急演练全覆盖,并按照 AQ/T 9009 的规定对演练进行总结和评估,根据评估结论和演练发现的问题,修订、完善应急预案,改进应急准备工作。

5.6.1.5 应急救援信息系统建设(略)

5.6.2 应急处置

发生事故后,企业应根据预案要求,立即启动应急响应程序,按照有关规定报告事故情况,并开展先期处置:

发出警报,在不危及人身安全时,现场人员采取阻断或隔离事故源,危险源等措施;严重危及人身安全时,迅速停止现场作业,现场人员采取必要的或可能的应急措施后撤离危险区域。

立即按照有关规定和程序报告本企业有关负责人,有关负责人应立即将事故发生的时间、地点、当前状态等简要信息向所在地县级以上地方人民政府负有安全生产监督管理职责的有关部门报告,并按照有关规定及时补报、续报有关情况;情况紧急时,事故现场有关人员可以直接向有关部门报告;对可能引发次生事故灾害的,应及时报告相关主管部门。

研判事故危害及发展趋势,将可能危及周边生命、财产、环境安全的危险性和防护措施等告知相关单位与人员;遇有重大紧急情况时,应立即封闭事故现场,通知本单位从业人员和周边人员疏散,采取转移重要物资、避免或减轻环境危害等措施。

请求周边应急救援队伍参加事故救援,维护事故现场秩序,保护事故现场证据。准备事故救援技术资料,做好向所在地人民政府及其负有安全生产监督管理职责的部门移交救援工作指挥权的各项准备。

5.6.3　应急评估

企业应对应急准备、应急处置工作进行评估。

矿山、金属冶炼等企业，生产、经营、运输、储存、使用危险物品或处置废弃危险物品的企业，应每年进行一次应急准备评估。

完成险情或事故应急处置后，企业应主动配合有关组织开展应急处置评估。

5.7　事故管理

5.7.1　报告

企业应建立事故报告程序，明确事故内外部报告的责任人、时限、内容等，并教育、指导从业人员严格按照有关规定的程序报告发生的生产安全事故。

企业应妥善保护事故现场以及相关证据。

事故报告后出现新情况的，应当及时补报。

5.7.2　调查和处理

企业应建立内部事故调查和处理制度，按照有关规定、行业标准和国际通行做法，将造成人员伤亡（轻伤、重伤、死亡等人身伤害和急性中毒）和财产损失的事故纳入事故调查和处理范畴。

企业发生事故后，应及时成立事故调查组，明确其职责与权限，进行事故调查。事故调查应查明事故发生的时间、经过、原因、波及范围、人员伤亡情况及直接经济损失等。

事故调查组应根据有关证据、资料、分析事故的直接、间接原因和事故责任，提出应吸取的教训、整改措施和处理建议，编制事故调查报告。

企业应开展事故案例警示教育活动，认真吸取事故教训，落实防范和整改措施，防止类似事故再次发生。

企业应根据事故等级，积极配合有关人民政府开展事故调查。

5.7.3　管理

企业应建立事故档案和管理台账，将承包商、供应商等相关方在企业内部发生的事故纳入本企业事故管理。

企业应按照 GB 6441、GB/T 15499 的有关规定和国家、行业确定的事故统计指标开展事故统计分析。

5.8　持续改进

5.8.1　绩效评定

企业每年至少应对安全生产标准化管理体系的运行情况进行一次自评，验证各项安全生产制度措施的适宜性、充分性和有效性，检查安全生产和职业卫生管理目标、指标的完成情况。

企业主要负责人应全面负责组织自评工作，并将自评结果向本企业所有部门、单位和从业人员通报。自评结果应形成正式文件，并作为年度安全绩效考评的重要依据。

企业应落实安全生产报告制度，定期向业绩考核等有关部门报告安全生产情况，并向社会公示。

企业发生生产安全责任死亡事故，应重新进行安全绩效评定，全面查找安全生产标准化管理体系中存在的缺陷。

5.8.2　持续改进

企业应根据安全生产标准化管理体系的自评结果和安全生产预测预警系统所反映的趋势，以及绩效评定情况，客观分析企业安全生产标准化管理体系的运行质量，及时调整完善相关制度文件和过程管控，持续改进，不断提高安全生产绩效。

模拟试题及考点

1. 企业安全生产标准化的目的，是实现安全健康管理_____、岗位操作行为_____、设备设施_____、作业环境器具定置化，并持续改进。

A. 体系化，规范化，安全化　　　　B. 系统化，规范化，本质安全化

C. 体系化，标准化，安全化　　　　D. 系统化，标准化，本质安全化

【考点】"3.1　企业安全生产标准化"。

2. 安全风险评估是对安全风险进行分析，确定其是否可_____的过程。

A. 容许　　　　B. 存在　　　　C. 接受　　　　D. 忍耐

【考点】"3.9　安全风险评估"。

3. 企业应采用"_____"的"PDCA"动态循环模式，按照 GB/T 33000—2016《企业安全生产标准化基本规范》的规定，结合企业自身特点，自主建立并保持安全生产标准化管理体系。

A. 计划、实施、检查、改进　　　　B. 策划、运行、检查、改进

C. 计划、运行、检查、改进　　　　D. 策划、实施、检查、改进

【考点】"4.2　建立和保持"。

4. 企业应根据自身安全生产实际，制定文件化的总体和年度安全生产与职业卫生_____，并纳入企业总体生产经营目标。按照所属基层单位和部门在生产经营活动中所承担的职能，将目标_____为指标，确保落实。

A. 目标，转变　　B. 绩效，转变　　C. 绩效，分解　　D. 目标，分解

【考点】"5.1.1　目标"。

5. 企业应及时_____适用、有效的法律法规、标准规范，并将其相关要求及时_____为本单位的规章制度、操作规程。

A. 识别和获取，转化　　　　B. 识别，转变

C. 识别和获取，融入　　　　D. 获取，体现

【考点】"5.2.1　法规标准识别"。

★6.《企业安全生产标准化基本规范》要求教育培训的管理要做到_____。

A. 识别安全教育培训需求　　　　B. 制订、实施安全教育培训计划

C. 做好安全教育培训记录　　　　D. 对培训效果进行评估和改进

【考点】"5.3.1　教育培训管理"。

7. 企业应将承包商、供应商等相关方的安全生产和职业卫生纳入企业_____管理。

A. 综合　　　　　　B. 内部　　　　　　C. 连带　　　　　　D. 共赢

【考点】"5.4.2.4　相关方"。

8. 企业应根据安全风险评估结果及生产经营状况等，确定相应安全风险_____，对其进行分级分类管理。

A. 等级　　　　　　B. 程度　　　　　　C. 严重度　　　　　　D. 可能性

【考点】"5.5.1.3　安全风险控制"。

9. 企业每年至少应对安全生产标准化管理体系的运行情况进行一次自评，验证各项安全生产制度措施的_____，检查安全生产和职业卫生管理目标、指标的完成情况。

A. 适用性、合规性和有效性　　　　B. 适宜性、合规性和有效性

C. 适宜性、充分性和有效性　　　　D. 适用性、充分性和有效性

【考点】"5.8.1　绩效评定"。

10. 企业应根据安全生产标准化管理体系的_____结果和安全生产预测预警系统所反映的趋势，以及_____评定情况，客观分析企业安全生产标准化管理体系的运行质量。

A. 自评，绩效　　　B. 内审，状态　　　C. 自评，状态　　　D. 内审，绩效

【考点】"5.8.2　持续改进"。

★11. 开展安全标准化建设的如下内容中，不同行业企业差别较大的是_____。

A. 事故报告、调查和处理程序　　　　B. 生产设备设施

C. 岗位安全操作规程　　　　　　　　D. 特种作业人员培训

【考点】相关内容。

第二节　安全生产投入与安全生产责任保险

一、安全生产投入的责任主体

安全生产投入的责任主体，因生产经营单位的性质不同而异。股份制企业、合资企业安全生产投入资金由董事会予以保证；国有企业由厂长或经理予以保证；个体经济组织由投资人予以保证。

二、《企业安全生产费用提取和使用管理办法》（财企〔2012〕16号）

1. 适用范围

在中华人民共和国境内直接从事煤炭生产、非煤矿山开采、建设工程施工、危险品生产与储存、交通运输、烟花爆竹生产、冶金、机械制造、武器装备研制生产与试验（含民用航空及核燃料）的企业以及其他经济组织（以下简称企业）适用本办法。

实行企业化管理的事业单位参照本办法执行。

2. 安全生产费用（简称安全费用）

本办法所称安全生产费用是指企业按照规定标准提取在成本中列支，专门用于完善和改进企业或者项目安全生产条件的资金。

3. 提取依据和标准

（1）煤炭生产企业。

煤炭生产企业依据开采的原煤产量按月提取：

1）煤（岩）与瓦斯（二氧化碳）突出矿井、高瓦斯矿井吨煤30元。

2）其他井工矿吨煤15元。

3）露天矿吨煤5元。

（2）非煤矿山开采企业。

非煤矿山开采企业依据开采的原矿产量按月提取。

石油、金属矿山、核工业矿山、非金属矿山、小型露天采石场、尾矿库按每吨计，天然气、煤层气（地面开采）按每千立方米计。

地质勘探单位安全费用按地质勘查项目或者工程总费用的2%提取。

（3）建设工程施工企业。

建设工程施工企业以建筑安装工程造价为计提依据：矿山工程为2.5%；房屋建筑工程、水利水电工程、电力工程、铁路工程、城市轨道交通工程2.0%；市政公用工程、冶炼工程、机电安装工程、化工石油工程、港口与航道工程、公路工程、通信工程为1.5%。

建设工程施工企业提取的安全费用列入工程造价，在竞标时，不得删减，列入标外管理。总包单位应当将安全费用按比例直接支付分包单位并监督使用，分包单位不再重复提取。

（4）危险品生产与储存企业、冶金企业、机械制造企业、烟花爆竹生产企业以上年度实际营业收入为计提依据，采取超额累退方式。

（5）相关规定。

中小微型企业和大型企业上年末安全费用结余分别达到本企业上年度营业收入的5%和1.5%时，经当地县级以上安全生产监督管理部门、煤矿安全监察机构商财政部门同意，企业本年度可以缓提或者少提安全费用。

新建企业和投产不足一年的企业以当年实际营业收入为提取依据，按月计提安全费用。

混业经营企业，如能按业务类别分别核算的，则以各业务营业收入为计提依据，按规定标准分别提取安全费用；如不能分别核算的，则以全部业务收入为计提依据，按主营业务计提标准提取安全费用。

4. 安全费用的使用范围（武器装备研制生产与试验企业除外）

（1）共性使用范围（所有企业）。

1）完善、改造和维护安全防护设施设备支出。

2）配备、维护、保养应急救援器材、设备支出和应急演练支出。

3）开展重大危险源和事故隐患评估、监控和整改支出。

4）安全生产检查、评价、咨询和标准化建设支出。

5）配备和更新现场作业人员安全防护用品支出。

6）安全生产宣传、教育、培训支出。

7）安全生产适用的新技术、新标准、新工艺、新装备的推广应用支出。

8）安全设施及特种设备检测检验支出。

9）其他与安全生产直接相关的支出。

（2）个性使用范围。

1）煤炭生产企业：

① 煤与瓦斯突出及高瓦斯矿井落实"两个四位一体"综合防突措施支出。

② 煤矿安全生产改造和重大隐患治理支出。

③ 完善煤矿井下监测监控、人员定位、紧急避险、压风自救、供水施救和通信联络安全避险"六大系统"支出。

2）非煤矿山开采企业：

① 完善非煤矿山监测监控、人员定位、紧急避险、压风自救、供水施救和通信联络等安全避险"六大系统"支出，完善尾矿库全过程在线监控系统和海上石油开采出海人员动态跟踪系统支出。

② 尾矿库闭库及闭库后维护费用支出。

③ 地质勘探单位野外应急食品、应急器械、应急药品支出。

3）交通运输企业：购置、安装和使用具有行驶记录功能的车辆卫星定位装置、船舶通信导航定位和自动识别系统、电子海图等支出。

（3）相关规定。

在规定的使用范围内，企业应当将安全费用优先用于满足安全生产监督管理部门、煤矿安全监察机构以及行业主管部门对企业安全生产提出的整改措施或达到安全生产标准所需的支出。

企业提取的安全费用应当专户核算，按规定范围安排使用，不得挤占、挪用。年度结余资金结转下年度使用，当年计提安全费用不足的，超出部分按正常成本费用渠道列支。

5. 监督管理

企业应当建立健全内部安全费用管理制度，明确安全费用提取和使用的程序、职责及权限，按规定提取和使用安全费用。

企业应当加强安全费用管理，编制年度安全费用提取和使用计划，纳入企业财务预算。企业年度安全费用使用计划和上一年安全费用的提取、使用情况按照管理权限报同级财政部门、安全生产监督管理部门、煤矿安全监察机构和行业主管部门备案。

企业提取的安全费用属于企业自提自用资金，其他单位和部门不得采取收取、代管等形式对其进行集中管理和使用，国家法律、法规另有规定的除外。

各级财政部门、安全生产监督管理部门、煤矿安全监察机构和有关行业主管部门依法对企业安全费用提取、使用和管理进行监督检查。

企业未按本办法提取和使用安全费用的，安全生产监督管理部门、煤矿安全监察机构和行业主管部门会同财政部门责令其限期改正，并依照相关法律法规进行处理、处罚。

三、安全生产责任保险实施办法

原国家安全监管总局、保监会、财政部发布了《安全生产责任保险实施办法》（安监总办〔2017〕140 号）。

1. 总则

安全生产责任保险，是指保险机构对投保的生产经营单位发生的生产安全事故造成的人员伤亡和有关经济损失等予以赔偿，并且为投保的生产经营单位提供生产安全事故预防服务的商业保险。

按照本办法请求的经济赔偿，不影响参保的生产经营单位从业人员（含劳务派遣人员）依法请求工伤保险赔偿的权利。

坚持风险防控、费率合理、理赔及时的原则，按照政策引导、政府推动、市场运作的方式推行安全生产责任保险工作。

安全生产责任保险的保费由生产经营单位缴纳，不得以任何方式摊派给从业人员个人。

煤矿、非煤矿山、危险化学品、烟花爆竹、交通运输、建筑施工、民用爆炸物品、金属冶炼、渔业生产等高危行业领域的生产经营单位应当投保安全生产责任保险。鼓励其他行业领域生产经营单位投保安全生产责任保险。各地区可针对本地区安全生产特点，明确应当投保的生产经营单位。

对存在高危粉尘作业、高毒作业或其他严重职业病危害的生产经营单位，可以投保职业病相关保险。

对生产经营单位已投保的与安全生产相关的其他险种，应当增加或将其调整为安全生产责任保险，增强事故预防功能。

2. 承保与投保

（1）承保安全生产责任保险的保险机构应当具有的专业资质和能力：

1）商业信誉情况；

2）偿付能力水平；

3）开展责任保险的业绩和规模；

4）拥有风险管理专业人员的数量和相应专业资格情况；

5）为生产经营单位提供事故预防服务情况。

（2）保险责任。

安全生产责任保险的保险责任包括投保的生产经营单位的从业人员人身伤亡赔偿，第三者人身伤亡和财产损失赔偿，事故抢险救援、医疗救护、事故鉴定、法律诉讼等费用。

除被依法关闭取缔、完全停止生产经营活动外，应当投保安全生产责任保险的生产经营单位不得延迟续保、退保。

（3）浮动费率。制定各行业领域安全生产责任保险基准指导费率，实行差别费率和浮动费率。建立费率动态调整机制，费率调整根据以下因素综合确定：

1）事故记录和等级。费率调整根据生产经营单位是否发生事故、事故次数和等级确定，可以根据发生人员伤亡的一般事故、较大事故、重大及以上事故次数进行调整。

2）其他。投保生产经营单位的安全风险程度、安全生产标准化等级、隐患排查治理情况、安全生产诚信等级、是否被纳入安全生产领域联合惩戒"黑名单"、赔付率等。

（4）生产经营单位投保安全生产责任保险的保障范围应当覆盖全体从业人员。

3. 事故预防与理赔

保险机构应当建立生产安全事故预防服务制度，协助投保的生产经营单位开展事故预防工作。

保险机构应当按照本办法第十三条规定的服务范围，在安全生产责任保险合同中约定具体服务项目及频次。

投保的生产经营单位对评估发现的重大事故隐患拒不整改的，保险机构可在下一投保年度上浮保险费率，并报告安全生产监督管理部门和相关部门。

保险机构应当严格按照合同约定及时赔偿保险金；建立快速理赔机制，在事故发生后按照法律规定或者合同约定先行支付确定的赔偿保险金。

生产经营单位应当及时将赔偿保险金支付给受伤人员或者死亡人员的受益人，或者请求保险机构直接向受害人赔付。

同一生产经营单位的从业人员获取的保险金额应当实行同一标准，不得因用工方式、工作岗位等差别对待。

各地区根据实际情况确定安全生产责任保险中涉及人员死亡的最低赔偿金额，每死亡一人按不低于30万元赔偿，并按本地区城镇居民上一年度人均可支配收入的变化进行调整。

对未造成人员死亡事故的赔偿保险金额度在保险合同中约定。

模 拟 试 题 及 考 点

1. 甲公司与乙公司合资成立丙公司，从事铁矿开采，由甲公司控股。丙公司的安全生产投入由_____予以保证。

A. 甲公司　　　　　B. 丙公司董事会　　C. 丙公司董事长　　D. 丙公司总经理

【考点】"一、安全生产投入的责任主体"。

2.《企业安全生产费用提取和使用管理办法》（财企〔2012〕16号）适用于_____企业。

A. 所有

B. 高危行业

C. 高危行业及机械制造、武器装备研制生产与试验

D. 机械制造、武器装备研制生产与试验

【考点】"二、1. 适用范围"。

3. 安全生产费用指企业按照规定标准提取、在成本中列支，专门用于_____企业或者项目安全生产条件的资金。

A. 保证　　　　　B. 完善　　　　　C. 完善和改进　　　D. 改进

【考点】"二、2. 安全生产费用（简称安全费用）"。

4. 某井工煤矿不属于煤（岩）与瓦斯（二氧化碳）突出矿井、高瓦斯矿井，其安全生产费用按每月吨煤_____元提取。

A. 10　　　　　　B. 15　　　　　　C. 20　　　　　　D. 30

【考点】"二、3. 提取依据和标准"。

5. 危险品生产与储存企业、冶金企业、机械制造企业、烟花爆竹生产企业的安全生产费用以_____为计提依据，采取超额累退方式。

A. 产量　　　　　　　　　　　　　　B. 产值

C. 当年实际营业收入　　　　　　　　D. 上年度实际营业收入

【考点】"二、3. 提取依据和标准"。

6. 建设工程施工企业提取的安全费用列入_____，在竞标时，不得删减。总包单位应当将安全费用按比例直接_____分包单位并监督使用。

A. 工程预算，分派　　　　　　　　　B. 工程造价，支付

C. 工程造价，分派　　　　　　　　　D. 工程预算，支付

【考点】"二、3. 提取依据和标准"。

7. 下列不属于安全生产费用的是_____。

A. 矿山安全避险"六大系统"支出　　B. 安全生产咨询支出

C. 安全生产宣传支出　　　　　　　　D. 设备保险费用支出

E. 安全生产适用的新技术的推广应用支出

【考点】"二、4. 安全费用的使用范围（武器装备研制生产与试验企业除外）"。

8. 企业提取的安全费用应当_____核算，不得挤占、挪用。当年计提安全费用不足的，超出部分按_____费用渠道列支。

A. 专户，正常成本　　　　　　　　　B. 专户，管理

C. 专账，正常成本　　　　　　　　　D. 专账，管理

【考点】"二、4. 安全费用的使用范围（武器装备研制生产与试验企业除外）"。

9. 企业应当加强安全费用管理，编制年度安全费用提取和使用计划，纳入企业财务_____。

A. 计划　　　　　　B. 规划　　　　　　C. 预算　　　　　　D. 项目

【考点】"二、5. 监督管理"。

★10. _____应当投保安全生产责任保险。

A. 某锰矿　　　　　B. 某钢铁公司　　　C. 某机电公司　　　D. 某货运公司

E. 某纺织厂

【考点】"三、安全生产责任保险实施办法"。

★11. 投保生产经营单位的_____影响其安全生产责任保险的浮动费率。

A. 事故次数　　　　　　　　　　　　B. 安全生产标准化等级

C. 财务状况　　　　　　　　　　　　D. 隐患排查治理情况

【考点】"三、安全生产责任保险实施办法"。

12. 安全生产责任保险中涉及人员死亡的最低赔偿金额，每死亡一人按不低于_____万元赔偿，并按本地区城镇居民上一年度人均可支配收入的变化进行调整。

A. 20　　　　　　　B. 30　　　　　　　C. 40　　　　　　　D. 50

【考点】"三、安全生产责任保险实施办法"。

★13. 下述中错误的有_____。

A. 安全生产责任保险的保费由生产经营单位缴纳，不得摊派给从业人员个人

B. 生产经营单位投保安全生产责任保险的保障范围应当覆盖全体从业人员

C. 生产经营单位投保安全生产责任保险的保障范围应当覆盖所有从事危险作业的人员

D. 同一生产经营单位的从业人员获取的保险金额，可因工作岗位不同而有差别

【考点】"三、安全生产责任保险实施办法"。

第三节　安全生产责任制

一、法规性文件关于安全生产责任制的规定

《安全生产法》第十九条规定："生产经营单位的安全生产责任制应当明确各岗位的责任人员、责任范围和考核标准等内容。生产经营单位应当建立相应的机制，加强对安全生产责任制落实情况的监督考核，保证安全生产责任制的落实。"

《中共中央国务院关于推进安全生产领域改革发展的意见》中要求："企业实行全员安全生产责任制度"。

二、企业全员安全生产责任制的内涵［国务院安委会办公室关于全面加强企业全员安全生产责任制工作的通知（安委办〔2017〕29号）］

企业全员安全生产责任制是由企业根据安全生产法律法规和相关标准要求，在生产经营活动中，根据企业岗位的性质、特点和具体工作内容，明确所有层级、各类岗位从业人员的安全生产责任，通过加强教育培训、强化管理考核和严格奖惩等方式，建立起安全生产工作"层层负责、人人有责、各负其责"的工作体系。

三、企业全员安全生产责任制的意义

全面加强企业全员安全生产责任制工作，是推动企业落实安全生产主体责任的重要抓手，有利于减少企业"三违"现象（违章指挥、违章作业、违反劳动纪律）的发生，有利于降低因人的不安全行为造成的生产安全事故，对解决企业安全生产责任传导不力问题，维护广大从业人员的生命安全和职业健康具有重要意义。

四、建立健全企业全员安全生产责任制

1. 依法依规制定完善企业全员安全生产责任制

企业主要负责人负责建立健全企业的全员安全生产责任制。企业要按照《安全生产法》《职业病防治法》等法律法规规定，参照 GB/T 33000—2016《企业安全生产标准化基本规范》和《企业安全生产责任体系五落实五到位规定》（安监总办〔2015〕27号）等有关要求，结合企业自身实际，明确从主要负责人到一线从业人员（含劳务派遣人员、实习学生等）的安全生产责任、责任范围和考核标准。安全生产责任制应覆盖本企业所有组织和岗位，其责任

内容、范围、考核标准要简明扼要、清晰明确、便于操作、适时更新。企业一线从业人员的安全生产责任制，要力求通俗易懂。

例如：企业全员安全生产责任制涉及的人员。

（1）领导层。

1）主要负责人。

2）安全生产主管。

3）涉及安全生产事项的其他领导班子成员（包括工会主席）。

（2）职能部门。

1）安全生产主管部门的负责人及工作人员。

2）其他部门（设备、工艺、技术、财务、劳动人事、交通运输、采购、相关方管理等）涉及安全的负责人及工作人员。

（3）生产业务部门。

1）车间（区队）负责人。

2）车间（区队）安全主管。

3）班组长。

4）安全员。

5）操作人员。

6）劳务派遣人员、实习学生等。

（4）工会组织。

2. 企业全员安全生产责任制公示

企业要在适当位置对全员安全生产责任制进行长期公示。公示的内容主要包括：所有层级、所有岗位的安全生产责任、安全生产责任范围、安全生产责任考核标准等。

3. 企业全员安全生产责任制教育培训

企业主要负责人要指定专人组织制定并实施本企业全员安全生产教育和培训计划。企业要将全员安全生产责任制教育培训工作纳入安全生产年度培训计划，通过自行组织或委托具备安全培训条件的中介服务机构等实施。要通过教育培训，提升所有从业人员的安全技能，培养良好的安全习惯。要建立健全教育培训档案，如实记录安全生产教育和培训情况。

4. 落实企业全员安全生产责任制的考核管理

企业要建立健全安全生产责任制管理考核制度，对全员安全生产责任制落实情况进行考核管理。要健全激励约束机制，通过奖励主动落实、全面落实责任，惩处不落实责任、部分落实责任，不断激发全员参与安全生产工作的积极性和主动性，形成良好的安全文化氛围。

五、企业安全生产责任体系五落实五到位

（1）必须落实"党政同责"要求，董事长、党组织书记、总经理对本企业安全生产工作共同承担领导责任。

（2）必须落实安全生产"一岗双责"，所有领导班子成员对分管范围内安全生产工作承担相应职责。

（3）必须落实安全生产组织领导机构，成立安全生产委员会，由董事长或总经理担任主任。

（4）必须落实安全管理力量，依法设置安全生产管理机构，配齐配强注册安全工程师等专业安全管理人员。

（5）必须落实安全生产报告制度，定期向董事会、业绩考核部门报告安全生产情况，并向社会公示。

（6）必须做到安全责任到位、安全投入到位、安全培训到位、安全管理到位、应急救援到位。

模 拟 试 题 及 考 点

★1. 生产经营单位的安全生产责任制应当明确各岗位的_____等内容。

A. 责任人员　　　　B. 危险有害因素　　　C. 责任范围　　　　D. 考核标准

【考点】"一、法规性文件关于安全生产责任制的规定"。

2. 《中共中央国务院关于推进安全生产领域改革发展的意见》中要求"企业实行_____安全生产责任制度"。

A. 主要负责人　　　B. 全员　　　　　　　C. 明确的　　　　　D. 符合法规规定的

【考点】"一、法规性文件关于安全生产责任制的规定"。

★3. 国务院安委会办公室《关于全面加强企业全员安全生产责任制工作的通知》中要求企业应明确_____的安全生产责任。

A. 主要负责人　　　B. 所有层级　　　　　C. 各管理部门　　　D. 各类岗位从业人员

【考点】"二、企业全员安全生产责任制的内涵［国务院安委会办公室关于全面加强企业全员安全生产责任制工作的通知（安委办〔2017〕29 号）］"。

4. 国务院安委会办公室《关于全面加强企业全员安全生产责任制工作的通知》中要求企业建立起安全生产工作"_____"的工作体系。

A. 层层负责　　　　B. 人人有责　　　　　C. 各负其责　　　　D. A、B、C

【考点】"二、企业全员安全生产责任制的内涵［国务院安委会办公室关于全面加强企业全员安全生产责任制工作的通知（安委办〔2017〕29 号）］"。

5. 企业安全生产责任制不涉及_____人员。

A. 承包方管理　　　B. 设备操作　　　　　C. 节能降耗管理　　D. 工会工作

E. 劳务派遣人员

【考点】"四、建立健全企业全员安全生产责任制"。

★6. 企业应参照《企业安全生产标准化基本规范》和《企业安全生产责任体系五落实五到位规定》等有关要求建立安全生产责任制，明确_____。

A. 考核标准　　　　B. 责任内容　　　　　C. 责任范围　　　　D. 责任依据

【考点】"四、建立健全企业全员安全生产责任制"。

7. 企业的全员安全生产责任制，要在_____。

A. 和相关方的协议中列出　　　　　　　B. 适当位置长期公示

C. 适当位置公示　　　　　　　　　D. 劳动合同中列出

【考点】"四、建立健全企业全员安全生产责任制"。

★8. 以下符合《企业安全生产责任体系五落实五到位规定》（安监总办〔2015〕27 号）中"五落实"要求的是_____。

A. 必须落实"党政同责"要求

B. 必须落实安全生产组织领导机构，成立安全生产委员会，由董事长或总经理担任主任

C. 必须落实安全管理力量

D. 必须落实安全生产"一岗双责"，所有领导班子成员对分管范围内安全生产工作承担相应职责

【考点】"五、企业安全生产责任体系五落实五到位"。

9. 以下不符合《企业安全生产责任体系五落实五到位规定》（安监总办〔2015〕27 号）中"五到位"要求的是_____。

A. 安全责任到位　　　B. 安全投入到位　　　C. 安全检查到位　　　D. 应急救援到位

【考点】"五、企业安全生产责任体系五落实五到位"。

第四节　安全生产培训教育

一、安全生产培训教育的对象

安全生产培训教育的对象是所有有安全生产职责的人员。根据企业安全生产责任制的规定，确定出相关人员。这些人员包括但不限于：

（1）主要负责人。

（2）安全生产管理人员。

（3）职能部门（如生产、设备、消防、相关方管理等部门）相关管理人员。

（4）车间（区队）等业务部门负责人。

（5）班组长。

（6）特种作业人员。

（7）特种设备作业人员（含相关管理人员）。

（8）新从业人员。

（9）重新调整岗位的员工。

（10）从事生产、经营、储存、运输、使用危险化学品或者处置废弃危险化学品的人员。

（11）机动车和装卸机械驾驶人员。

（12）"四新"（新工艺、新技术、新设备、新材料）人员。

（13）消防设施使用人员。

（14）有害作业人员。

（15）其他人员（如设备运行及检修人员、放射工作人员等）。

二、确定培训教育需求

1. 岗位所需的安全资格和能力

企业应当确定各岗位所需的安全资格和能力要求。

岗位安全资格要符合相关法规标准的规定。例如，《安全生产法》《生产经营单位安全培训规定》对主要负责人、安全生产管理人员、特种作业人员，《特种设备安全监察条例》对特种设备作业人员（含相关管理人员），GB 6722《爆破安全规程》对涉爆人员提出了资格要求等。资格要求主要是参加什么政府部门或机构组织的专门培训、取得什么政府部门或机构颁发的什么证书。

安全能力即控制与岗位工作相关的风险的能力，涉及学历、工作经历、接受培训的经历、身体条件等。

2. 培训需求

将目前各岗位人员现有的资格和能力与企业确定的各岗位所需的安全资格和能力要求相对比，就可以确定培训需求。

《生产经营单位安全培训规定》等法规标准关于培训对象的培训内容、培训时间、再培训等的规定是法定培训需求。

3. 相关程序

生产业务单位及相关职能部门提出本单位/部门安全生产培训教育需求计划，包括岗位、人员、培训目的、预期结果等，报安全主管部门；安全主管部门汇总各单位/部门安全生产培训教育需求计划，提出初审意见，报企业培训教育工作主管部门。

三、制订培训教育计划

培训教育计划包括年度的和临时的，公司（厂）级的和单位/部门级的，企业组织的和外委的。

企业培训教育工作主管部门制订安全生产培训教育计划，包括：培训对象，培训内容，培训时间，培训形式，培训经费，组织实施部门，其他相关事项。

企业培训教育工作主管部门将安全生产培训教育计划报企业主管负责人审核，审核后交主要负责人批准。根据企业职责的规定，也可由主管负责人审核后批准。

企业培训教育工作主管部门将批准的培训计划发给各单位/部门。

四、培训教育经费保证

企业主要负责人提供经费保证。

五、培训的实施

培训的组织实施部门负责培训教材、培训教师、教学设施的提供和培训教师、教学设施的管理。

对于单位/部门级的培训教育，培训教育工作主管部门和安全主管部门协助并监督相关单位/部门培训的实施。

六、培训效果评价

1. 接受培训教育者能力提高的评价

能力提高与否，主要看实践中控制风险的能力是否得到提升，而不是着重于培训试卷的分数。因此，培训后一段时间，接受培训教育者的直接领导、其同事的评价是重要的参考。

每次培训结束一段时间后，培训的组织实施部门向参加培训的各单位/部门发放《培训效果评价表》，受训者的直接领导如实填写后返还培训的组织实施部门。

2. 对培训工作的评价

培训教育工作主管部门或培训的组织实施部门向接受培训者征求关于培训工作的意见。

如果是由于培训组织工作的缺陷导致培训效果没有达到培训要求时，培训教育工作主管部门会同安全主管部门、培训的组织实施部门进行原因分析，如培训计划不适当，培训教师、教材、设施的质量问题，或培训组织问题等，要及时对培训工作进行调整，包括修订培训计划。

对于单位/部门自己组织实施的培训，培训教育工作主管部门会同安全主管部门进行检查，了解情况，发现问题，给予指导和处理。

七、培训记录的保持

培训的组织实施部门负责培训记录的保持，必要时向培训教育工作主管部门备案。

模 拟 试 题 及 考 点

1. 企业安全生产培训教育的对象是企业安全生产责任制涉及的_____。

A. 主要负责人　　　　　　　　　B. 安全生产管理人员

C. 特种作业人员　　　　　　　　D. 所有有安全生产职责的人员

E. 所有作业人员

【考点】"一、安全生产培训教育的对象"。

2. 将目前各岗位人员现有的资格和能力与企业确定的各岗位_____的安全资格和能力相对比，就可以确定培训需求。

A. 理想　　　　B. 所需　　　　C. 优越　　　　D. 达标

【考点】"二、确定培训教育需求"。

3. 企业安全生产培训教育计划的内容不包括_____。

A. 培训内容　　　B. 培训时间　　　C. 培训对象　　　D. 培训需求

E. 组织实施部门

【考点】"三、制订培训教育计划"。

4. _____负责提供企业安全生产培训教育的经费保证。

A. 企业主要负责人　　　　　　　B. 企业财务部门

C. 企业培训教育工作主管部门　　D. 企业安全生产主管部门

【考点】"四、培训教育经费保证"。

5. 培训效果评价主要是评价_____。

A. 培训教师的质量

B. 培训设施的质量

C. 接受培训者培训考试的分数

D. 接受培训者培训后在实际工作中控制风险的能力是否提升

【考点】"六、培训效果评价"。

第五节　安全生产规章制度

一、安全生产规章制度建设的依据

（1）有关安全生产的法律法规、国家和行业标准、地方政府的法规、标准。

（2）本单位危险有害因素辨识结果和事故教训。

（3）国际、国内先进的安全管理方法。

二、安全生产规章制度建设的原则

（1）"安全第一，预防为主，综合治理"的原则。

（2）主要负责人负责的原则。

（3）系统性原则。

（4）规范化和标准化原则。

三、安全生产规章制度体系

按照安全系统工程和人机工程原理建立的安全生产规章制度体系，一般把安全生产规章制度分为四类，即综合管理、人员管理、设备设施管理、环境管理。

按照标准化工作体系建立的安全生产规章制度体系，一般把安全规章制度分为技术标准、工作标准和管理标准，通常称为"三大标准体系"。

按职业健康安全管理体系建立的安全生产规章制度，一般包括管理手册、程序文件、作业指导书。

1. 综合安全管理制度

（1）安全生产管理目标、指标和总体原则。

（2）安全生产责任制：明确生产经营单位各级领导、各职能部门、管理人员及各生产岗位的安全生产责任、权利和义务等内容。

（3）安全管理定期例行工作制度。

（4）承包与发包工程安全管理制度。

（5）安全设施和费用管理制度。

（6）重大危险源管理制度。

（7）危险物品使用管理制度。

（8）消防安全管理制度。

（9）隐患排查和治理制度。

（10）交通安全管理制度。

（11）防灾减灾管理制度。

（12）事故调查报告处理制度。

（13）应急管理制度。

（14）安全奖惩制度。

2. 人员安全管理制度

（1）安全教育培训制度。

（2）劳动防护用品发放使用和管理制度。

（3）安全工器具的使用管理制度。

（4）特种作业及特殊危险作业管理制度。

（5）岗位安全规范。

（6）职业健康检查制度。

（7）现场作业安全管理制度。

3. 设备设施安全管理制度

（1）"三同时"制度。

（2）定期巡视检查制度。

（3）定期维护检修制度。

（4）定期检测、检验制度。

（5）安全操作规程。

4. 环境安全管理制度

（1）安全标志管理制度。

（2）作业环境管理制度。

（3）职业卫生管理制度。

四、安全生产规章制度编制、发布、改进程序

安全生产规章制度编制、发布、改进程序包括：起草；会签或公开征求意见；审核；签发；发布；培训；反馈；持续改进。

在审核阶段，由生产经营单位负责法律事务的部门进行合规性审查；专业技术性较强的规章制度应邀请相关专家进行审核；安全奖惩等涉及全员性的制度，应经过职工代表大会或职工代表进行审核。

签发：技术规程、安全操作规程等技术性较强的安全生产规章制度，一般由生产经营单位主管生产的领导或总工程师签发，涉及全局性的综合管理制度应由生产经营单位的主要负责人签发。

模拟试题及考点

★1. 安全生产规章制度建设的依据包括_____。

A. 有关安全生产的法律法规、国家和行业标准、地方政府的法规、标准

B. 本单位危险有害因素辨识结果和事故教训

C. 国际、国内先进的安全管理方法

D. 提高劳动生产率的要求

【考点】"一、安全生产规章制度建设的依据"。

2. 安全生产规章制度建设的原则，不包括_____。

A. 主要负责人负责的原则

B. "安全第一，预防为主，综合治理"的原则

C. 系统性原则

D. 公平性原则

E. 标准化、规范化原则

【考点】"二、安全生产规章制度建设的原则"。

3. 按照安全系统工程和人机工程原理建立的安全生产规章制度体系，一般将规章制度分为四类，隐患排查和治理制度属于安全生产规章制度的_____类。

A. 综合管理　　　　　　　　　　　B. 人员管理

C. 设备设施管理　　　　　　　　　D. 环境管理

【考点】"三、安全生产规章制度体系"。

★4. 按照标准化工作体系建立的安全生产规章制度体系，统称为"三大标准体系"，其中包括_____。

A. 综合管理制度　　　　　　　　　B. 技术标准

C. 管理标准　　　　　　　　　　　D. 作业指导书

【考点】"三、安全生产规章制度体系"。

★5. 按职业安全健康管理体系建立的安全生产规章制度，一般包括管理手册和_____。

A. 设备设施安全管理制度　　　　　B. 程序文件

C. 管理标准　　　　　　　　　　　D. 作业指导书

【考点】"三、安全生产规章制度体系"。

★6. 安全生产规章制度体系包括_____。

A. 综合安全管理制度　　　　　　　B. 人员安全管理制度

C. 建（构）筑物安全管理制度　　　D. 设备设施安全管理制度

E. 环境安全管理制度

【考点】"三、安全生产规章制度体系"。

★7. 某生产经营单位编制的某项安全生产制度涉及法律事务，并涉及单位全体职工，应当经过_____审核。

A. 单位负责法律事务的部门　　　　　B. 相关技术专家

C. 单位的相关方　　　　　　　　　D. 职工代表大会或职工代表

【考点】"四、安全生产规章制度编制、发布、改进程序"。

8. 某机械制造公司根据公司情况，对原有的安全生产责任制进行了修订，修订后的安全生产责任制应由_____签发；新编制了叉车安全操作规程，此规程应由_____签发。

A. 主管安全生产的副总经理，总工程师

B. 总经理，总工程师

C. 总经理，安全生产主管部门经理

D. 主管安全生产的副总经理，总经理

【考点】"四、安全生产规章制度编制、发布、改进程序"。

第六节　安全操作规程

一、定义

生产经营单位针对作业过程中的危险源，为控制风险、预防事故而制定的要求操作人员遵守的行为准则。

生产经营单位要定期开展危险源辨识和风险评估。针对高危工艺、设备、物品、场所和岗位，建立分级管控制度，制定、落实安全操作规程。

二、管理要求

（1）安全操作规程应由生产经营单位主要负责人组织制定。

（2）安全操作规程种类应覆盖生产经营单位所有作业工序。

（3）安全操作规程应由生产经营单位主管生产的领导或总工程师签发，在签发前应组织设备设施管理部门、工艺技术部门和安全生产管理部门进行评审和会签。

（4）应组织对相应操作人员的培训与考试。

（5）应根据作业活动的变化和危险源更新的结果及时进行修订，每3～5年应进行一次全面修订，并重新发布。

三、内容要求

安全操作规程一般包括岗位（特别是危险岗位）安全操作规程和设备（含设施）安全操作规程。

1. 岗位安全操作规程应包含的内容

（1）工作范围和工艺要求。

（2）作业者应具备的素质、技能和岗位责任。

（3）作业者应遵守的各项制度，如持证上岗等。

（4）作业者应掌握的操作规程、维护规程、安全技术标准等。

（5）作业者作业前、作业中、作业后应控制的危险源和控制方法。

（6）作业者应遵守的纪律和安全注意事项。

（7）操作和检查使用的工器具。

（8）事故应急措施。

2. 设备安全操作规程应包含的内容

（1）设备操作者应具备的素质、技能等要求。

（2）操作设备前对现场清理和设备状态检查的内容和要求。

（3）操作设备应使用的工器具。

（4）设备运行的主要工艺参数要求。

（5）常见故障及处置方法。

（6）设备启动的程序和安全注意事项。

（7）点检和维护的安全要求。

（8）停车的程序和安全注意事项。

（9）安全防护装置的使用、调整及个人防护要求。

（10）交接班的具体工作和记录的内容。

3. 其他要求

（1）制定的控制措施应具有可操作性。

（2）语言通俗易懂，对操作的描述不应模棱两可。

（3）关键数据、指标明确、准确。

四、编写程序

1. 收集资料

（1）收集与该作业工序或设备操作有关的安全生产法律法规、标准及其他要求。

（2）对于新设备应收集使用说明书、指导书等资料。

（3）收集本单位和同行业在该作业工序或设备操作所发生的事故案例。

2. 作业活动划分

对作业工序或设备操作按作业前、作业中和作业后进行作业活动划分。

3. 危险源辨识

对每项作业活动所包含的常规与非常规的作业内容、设备设施进行危险源辨识，并对辨识充分性进行确认。

4. 确定需用安全操作规程控制的危险源

在作业工序或设备操作中所存在的危险源辨识充分的基础上，将属于操作人员操作不规范、不正确或检查不当等原因造成的危险源列出，作为用安全操作规程控制的危险源。

5. 按"三、内容要求"从作业前、作业中、作业后等几个方面编写规程

模 拟 试 题 及 考 点

1. 安全操作规程应由生产经营单位_____组织制定。

A. 主要负责人　　　　　　　　　　B. 总工程师

C. 安全管理部门负责人　　　　　　D. 主管安全生产领导

【考点】"二、管理要求"。

2. 安全操作规程应由生产经营单位_____签发。

A. 主要负责人　　　　　　　　　　B. 总工程师

C. 安全管理部门负责人　　　　　　D. 编制人

【考点】"二、管理要求"。

★3. 安全操作规程在签发前应组织_____进行评审和会签。

A. 设备设施管理部门　　　　　　　B. 工会部门

C. 安全管理部门　　　　　　　　　D. 工艺技术部门

【考点】"二、管理要求"。

4. 岗位安全操作规程的内容不包括_____。

A. 作业者应掌握的操作规程、维护规程、安全技术标准

B. 作业者作业前、作业中、作业后应控制的危险源和控制方法

C. 操作和检查使用的工器具

D. 作业者的年龄、性别

E. 事故应急措施

【考点】"三、内容要求"。

5. 设备安全操作规程的内容不包括_____。

A. 设备运行的主要工艺参数要求

B. 常见故障及处置方法

C. 设备启动的程序和安全注意事项

D. 作业者持证上岗制度

E. 停车的程序和安全注意事项

【考点】"三、内容要求"。

第七节　安全技术措施计划

一、编制安全技术措施计划的基本原则

1. 安全技术措施计划与安全技术措施

安全技术措施计划是生产经营单位生产财务计划的一个组成部分，是改善生产经营单位生产条件，有效防止事故和职业病的重要保证制度。

安全技术措施计划的核心是安全技术措施。

安全技术措施是运用工程技术手段消除物的不安全状态，实现生产工艺和机械设备等生产条件本质安全的措施。

常用的防止事故发生的安全技术措施有：消除危险源；限制能量和危险物质；隔离；故障–安全设计；减少故障和失误（加大安全系数、增加可靠性、设置监控系统等）。

常用的减少事故损失的安全技术措施有：隔离；设置薄弱环节（使事故能量按照人们的意图释放，不作用于被保护对象）；个体防护；避难和救援。

2. 编制安全技术措施计划的基本原则

（1）必要性和可行性原则。

（2）自力更生与勤俭节约的原则。

（3）轻重缓急与统筹安排的原则。

（4）领导和群众相结合的原则。

二、安全技术措施计划的项目范围和内容

1. 安全技术措施计划的项目范围

（1）安全技术措施。

（2）职业卫生技术措施。

（3）职业卫生辅助设施。

（4）安全宣传教育措施。

2. 安全技术措施计划的内容

（1）措施应用的单位和工作场所。

（2）措施名称。

（3）措施目的与内容。

（4）经费预算及来源。

（5）实施部门和负责人。

（6）开工日期和竣工日期。

（7）措施预期效果及检查验收。

三、编制安全技术措施计划的方法

1. 确定措施计划编制时间

年度安全技术措施计划应与同年度的生产、技术、财务、供销等计划同时编制。

2. 布置措施计划编制工作

企业领导应根据本单位具体情况向下属单位或职能部门提出具体要求，并就有关工作进行布置。

3. 确定措施计划项目和内容

下属单位在认真调查和分析本单位存在的问题，并在征求群众意见的基础上，确定本单位的安全技术措施计划项目和主体内容，报上级安全生产管理部门。安全生产管理部门对上报的措施计划进行审查、平衡、汇总后，确定措施计划项目，并报有关领导审批。

4. 编制措施计划

安全技术措施计划项目经审批后，由安全生产管理部门和下属单位组织相关人员，编制具体的措施计划和方案，经讨论后，送上级安全管理部门和有关部门审查。

5. 审批措施计划

上级安全、技术、计划部门对上报的安全技术措施计划进行联合会审后，报单位有关领导审批。安全技术措施计划一般由总工程师审批。

6. 下达措施计划

单位主要负责人根据总工程师的审批意见，召集有关部门和下属单位负责人审查、核定措施计划。审查、核定通过后，与生产计划同时下达到有关部门贯彻执行。

安全技术措施计划落实到各有关部门和下属单位后，计划部门应定期进行检查。企业领导在检查生产计划的同时，应同时检查安全技术措施计划的完成情况。

7. 实施

对已经完成的项目，应由验收部门负责组织验收。安全技术措施验收后，应及时补充、修订相关管理制度、操作规程，开展对相关人员的培训工作，建立相关的档案和记录。

模 拟 试 题 及 考 点

1. 下列不属于编制安全技术措施计划的原则的是_____。

A. 轻重缓急与统筹安排的原则

B. 必须采用最新技术的原则

C. 必要性和可行性的原则

D. 勤俭节约的原则

【考点】"一、编制安全技术措施计划的基本原则"。

2. 安全技术措施是运用工程技术手段消除_____不安全因素，实现生产工艺和机械设备等生产条件本质安全的措施。

A. 人的　　　　　B. 物的　　　　　C. 环境的　　　　　D. 设计的

【考点】"一、编制安全技术措施计划的基本原则"。

★3. 下列属于减少事故损失的安全技术措施有_____。

A. 消除危险源　　　B. 个体防护　　　C. 故障-安全设计

D. 避难和救援　　　E. 隔离

【考点】"一、编制安全技术措施计划的基本原则"。

★4. 下列属于防止事故发生的安全技术措施有_____。

A. 消除危险源　　　　　　　B. 限制能量和危险物质

C. 设置薄弱环节　　　　　　D. 个体防护

E. 减少故障和失误

【考点】"一、编制安全技术措施计划的基本原则"。

5. 不属于安全技术措施计划的内容的有_____。

A. 措施内容与目的　　　　　　B. 经费预算及来源

C. 同类措施在国外的应用情况　　D. 措施预期效果及检查验收

【考点】"二、2. 安全技术措施计划的内容"。

★6. 关于编制安全技术措施计划，下列叙述正确的是_____。

A. 年度安全技术措施计划要在同年度生产计划审批后立即编制

B. 安全技术措施计划项目经审批后，由安全管理部门和下属单位组织相关人员，编制具体的措施计划和方案，经讨论后，送上级计划部门审查

C. 安全技术措施计划成文后报总工程师审批

D. 由单位主要负责人将安全技术措施计划下达到有关部门贯彻执行

【考点】"三、编制安全技术措施计划的方法"。

第八节　设备设施安全管理

本节不涉及特种设备的管理。特种设备管理请参见本套书《安全生产法律法规》分册的第四章第四节《特种设备安全法》和第六章第八节《特种设备安全监察条例》的相关内容。

一、购置、验收、安装

1. 购置

新增设备设施由设备主管部门组织技术评审。评审通过后，填写固定资产申购单，公司主管领导审核、批准。

应掌握制造、销售单位的资质状况。专业技术人员同各生产厂家进行沟通，确定技术方案，形成招、议标文件，经公司主管领导批准后，由设备主管部门组织招标或议标。

2. 开箱验收

设备进厂后，使用部门和保管人员共同开箱验收，验收主要项目有：设备型号，表面是否破损，配件是否齐全，是否有产品合格证，随机工具是否齐全（符合合同要求），是否有安

装使用说明书等。

开箱验收合格后，相关部门保管并办理入库手续。

3. 安装、调试

由使用部门或外委单位按设备说明书及安装规范进行安装。设备安装结束后，由使用部门与安装部门共同进行设备调试工作。

二、设备基础管理

1. 机构、人员、制度、培训

配备设备管理机构和管理人员。

制定设备管理制度和安全操作规程。

操作、维修人员经培训合格。大型复杂设备设施，由设备厂家技术人员培训。

2. 设备警示和防护

在有较大危险因素的设备上设置明显的安全警示标志。

生产、储存、运输易燃易爆危险品的场所使用的设备，必须具备防爆性能。

对特殊设备产生的电磁波辐射和放射性污染，应有防护措施，使人体所受的辐射、放射强度符合国家规定标准。

易受强风和雷击损坏的室外作业设备，应有防护措施。

3. 严禁设备超负荷运行

4. 基础资料

（1）技术档案。

内容包括：设备制造合格证；安装使用说明书；设备卡片（设备编号、名称、主要规格、安装地点、投运日期、附属设备的名称与规格、操作运行条件、设备变动记录等）；设备结构及易损件图纸；设备运行累计时间；设备缺陷及事故情况记录；设备检修、试验与鉴定记录；设备润滑记录。

（2）台账。

登记设备的名称、型号、规格、数量、厂家信息等相关信息。

（3）图纸资料。

三、设备点检

1. 岗位日常点检

岗位的设备状态检查、调整、紧固、"5S"（整理、整顿、清扫、清洁、素养）活动、设备润滑、易损零件更换、简单故障处理，做好记录和信息反馈等。

2. 专业点检

专业点检员实施的区域设备状态检查与诊断，劣化倾向管理，故障与事故管理，费用管理，编制维修计划和备件、材料计划，监督检修质量，施工验收，并检查、指导、监督和考核岗位日常点检等。

3. 精密点检

利用精密仪器或在线监测等方式对在线、离线设备进行综合检查测试与诊断，及时掌握设备及零部件的运行状态和缺陷状况，定量地确定设备的技术状况和劣化程度及劣化趋势，分析事故发生、零件损坏原因并记录，为重大技术决策提供依据。

四、设备润滑管理

1. 执行"三级过滤"和润滑"五定"（定点、定时、定质、定量、定人）

2. 油品管理

油品库房应防雨、防晒、防尘、防冻、干燥清洁、通风良好，并有完善的消防设施。

装有油品的容器应按种类规格分组、分层存放，层间应用木板隔开。每组要有油品标签，不允许混放。

入库油品必须有合格证。

油品的发放：按需要领油，按规定用油。拧开或旋紧盛油容器盖时，应用专用扳手等工具，严禁用其他铁器敲打。

3. 滤网

三级过滤所用滤网，对于不同的用油种类和级别，要符合关于其目数的规定。

4. 按设备说明书用油并执行设备润滑加油（脂）标准

五、设备检维修

（1）制订年度综合检维修计划，加强日常检维修和定期检维修管理，落实"五定"：定检修方案、定检修人员、定安全措施、定检修质量、定检修进度或定点、定质、定量、定时、定人。

（2）检维修前，检修单位应落实以下要求：

1）识别危险、有害因素。

2）编制检维修方案。

3）办理工艺、设备设施交付检维修手续。

4）对检维修人员进行安全培训教育。

5）现场设安全防护栏杆或标记。

6）为检维修作业人员配备劳动保护用品。

7）办理动火证等各种作业许可证。

8）检维修前对安全控制措施进行确认。

9）检修前应进行系统隔离并有防转动措施。

（3）一些情况下的措施。

紧固较重设备螺栓时要使用支架支撑，防止设备脱落。

若设备、管道系统中有压力存在，需开启泄压阀进行泄压，再确保系统没有压力后，方可进行检修作业。

检修危险设备设施或进入设备内部保养检修时，应先关闭电源主开关，挂上警示牌；将隔离开关放在关闭位置，谁挂牌、谁摘牌。检修工作结束后，确认密闭空间内无人，关闭检修门、所有人员离开工作现场，方可开机。

（4）严格执行设备检修方案。若检修项目、进度、内容及质量要求需要临时变更，必须向主管部门报告。

（5）验收、交付、记录。设备主管部门组织验收，在验收报告中列出验收结论。检维修后办理检维修交付生产手续。小修要有完整的检修记录。大修要有完整的交工资料，归入设备设施档案。

六、防腐蚀和保温

（1）凡受到工艺介质、冷却水、大气、土壤等腐蚀的各类设备、管道、建构筑物，都应采取相应防腐蚀措施。

（2）有工艺要求或安全节能要求的设备、管道必须设置相应材质和厚度的保温层。对保温层应加以维护，损坏部位应及时报修。

七、安全防护装置和设施

1. 安全防护装置

安全防护装置如：泄压设备，防爆设备，防雷接地系统，防静电接地系统，漏电保护系统，急停开关，隔离装置（如防护栏/罩/网），可燃气体或有毒气体的检测报警装置。

安全防护装置要定期检修。

2. 安全设施

（1）机器的转动部分防护罩或其他防护设备（如栅栏）齐全、完整，露出的轴端设护盖。

（2）电气高压试验现场装设遮拦或围栏，设醒目安全警示牌。

（3）楼板、升降口、吊装孔、地面闸门井、雨水井、污水井、坑池、沟等处的栏杆、盖板、护板等设施齐全。因工作需拆除防护设施，必须装设临时遮拦或围栏，工作结束后，及时恢复。

八、设备缺陷、故障和事故管理

1. 设备缺陷

设备缺陷指由于各种原因造成其零部件损伤或超过质量指标范围，引起设备性能下降的状况。

一般缺陷：不影响产品质量、不危及安全生产，能及时消除或设备仍可正常运行但不会造成装置波动和引发各类事故，不需采取特殊监护措施的设备缺陷。

重大缺陷：影响产品质量、危及安全生产，但因生产需要而必须带病运行，有可能造成装置停工或引发各类事故，必须采取特殊监护措施的设备缺陷。

发现设备缺陷后，实施消缺。对暂不能消缺的重大缺陷，应制定整改计划和措施。

2. 设备故障

在规定的运行周期内，凡符合下列条件之一的称为设备故障：

由于设备零部件失去原有精度或技术性能降低，使设备运行困难，提出计划外检修或提前计划检修的；

由于设备零部件失去原有精度或损坏，引起单机停车，不影响系统运行的。

3. 设备事故

由于各种原因造成设备非正常损坏、直接经济损失超过规定限额的称为设备事故。

企业可根据自身情况，按直接经济损失大小将设备事故分为一般设备事故、大设备事故、重大设备事故三级。

发生设备事故，要及时报告设备主管部门。

根据损失的大小，企业组织不同级别的事故调查组。事故调查处理要查清原因，吸取教训，提出防范措施。

九、报废和拆除

1. 报废

设备设施超过使用年限或结构陈旧、精度低下、生产效率低、能源消耗高、因事故造成损坏无法修复或经济上、技术上不值得修复改装的设备设施，均应报废。

设备设施的报废应办理审批手续。

现场设置明显的报废设备设施标志。

欲报废的容器、管道等设备设施内仍存有危险化学品的，应清洗干净，置换、分析合格后，方可报废处置。

2. 拆除

拆除作业前，拆除作业负责人与需拆除设备设施的使用部门共同到现场办理拆除设备设施交接手续，作业人员进行危险源识别，制订拆除计划或方案。

设备主管部门审核外包拆除单位的资质，与其签订合同，要求承包方制定拆除方案，审核其方案，并现场监督。

凡需拆除的容器、管道等设备设施，应先清洗干净，分析合格后方可进行拆除作业。

模 拟 试 题 及 考 点

1. 新增设备设施由设备主管部门组织_____。

A. 安全评审　　　　B. 技术评审　　　　C. 合同评审　　　　D. 设计评审

【考点】"一、购置、验收、安装"。

★2. 设备验收的项目，除设备型号、表面是否破损之外，还有_____。

A. 配件是否齐全　　　　　　　B. 是否有产品合格证

C. 随机工具是否齐全　　　　　D. 是否有安装使用说明书

【考点】"一、购置、验收、安装"。

3. 在有较大危险因素的设备上设置明显的_____。

A. 安全警示标志　　B. 设备铭牌　　　C. 中英文告知　　　D. 防护设施

【考点】"二、设备基础管理"。

4. 生产、储存、运输易燃易爆危险品的场所使用的设备，必须具备_____。

A. 防护措施　　　　B. 安全标志　　　C. 防爆性能　　　D. 接地设施

【考点】"二、设备基础管理"。

5. 设备点检的种类不包括_____。

A. 岗位日常点检　　　　　　　　B. 随机点检

C. 专业点检　　　　　　　　　　D. 精密点检

【考点】"三、设备点检"。

★6. 对设备进行检维修之前，应_____。

A. 识别检维修活动的危险、有害因素

B. 对检维修人员进行安全培训教育

C. 办理动火证等各种作业许可证

D. 进行设备性能评估

E. 编制检维修方案

【考点】"五、设备检维修"。

★7. 在进行设备检维修作业时，必须做好的技术措施有_____。

A. 设备管道内存在压力时，必须进行泄压

B. 进入设备内部检修时，应关闭电源并挂牌

C. 进入设备内部检修必须有人监护

D. 检修结束后确认密闭空间无人

【考点】"五、设备检维修"。

8. 下列不属于设备检维修管理的"五定"原则的是_____。

A. 定检修方案　　　　　　　　　B. 定检修质量

C. 定检修成本　　　　　　　　　D. 定安全措施

【考点】"五、设备检维修"。

9. 危险性较大的设备均应设急停开关，急停开关的颜色应为_____。

A. 黄色　　　　　B. 红色　　　　　C. 黑色　　　　　D. 无要求

【考点】"七、安全防护装置和设施"。

★10. 设备设施在_____情况下应做报废。

A. 超过使用年限　　　　　　　　B. 损坏，能修复而尚未修复

C. 精度低劣　　　　　　　　　　D. 生产效率低、能源消耗高

【考点】"九、报废和拆除"。

11. 欲报废的容器、设备和管道内仍存有危险化学品的，下列做法中_____不正确。

A. 交有资质的单位处理　　　　　B. 对内部进行清洗

C. 对内部进行置换　　　　　　　D. 对内部进行分析

【考点】"九、报废和拆除"。

第九节　危险化学品重大危险源

一、危险化学品重大危险源辨识

依据 GB 18218—2018《危险化学品重大危险源辨识》进行危险化学品重大危险源辨识。

1. GB 18218—2018 的适用范围

GB 18218—2018 适用于危险化学品的生产、储存、使用和经营等各企业或组织。

GB 18218—2018 不适用于：核设施和加工放射性物质的工厂，但这些设施和工厂中处理非放射性物质的部门除外；军事设施；采矿业，但涉及危险化学品的加工工艺及储存活动除外；危险化学品的运输；海上石油天然气开采活动。

2. 术语和定义

（1）危险化学品。

具有毒害、腐蚀、爆炸、燃烧、助燃等性质，对人员、设施、环境具有危害的剧毒化学品和其他化学品。

（2）单元。

涉及危险化学品的生产、储存装置、设施或场所，分为生产单元和储存单元。

（3）生产单元。

危险化学品的生产、加工及使用等的装置及设施，当装置及设施之间有切断阀时，以切断阀作为分隔界限划分为独立的单元。

（4）储存单元。

用于储存危险化学品的储罐或仓库组成的相对独立的区域，储罐区以罐区防火堤为界限划分为独立的单元，仓库以独立库房（独立建筑物）为界限划分为独立的单元。

（5）临界量。

某种或某类危险化学品构成重大危险源所规定的最小数量。

（6）危险化学品重大危险源。

长期地或临时地生产、储存、使用和经营危险化学品，且危险化学品的数量等于或超过临界量的单元。

危险化学品重大危险源可分为生产单元危险化学品重大危险源和储存单元危险化学品重大危险源。

3. 危险化学品重大危险源辨识

（1）危险化学品临界量的确定。

在 GB 18218—2018 表 1 范围内的危险化学品，其临界量按表 1 确定。

未在表 1 范围内的危险化学品，依据其危险性，按 GB 18218—2018 表 2 确定临界量；若一种危险化学品具有多种危险性，按其中最低的临界量确定。

（2）重大危险源的辨识指标。

生产单元、储存单元内存在危险化学品为单一品种时，该危险化学品的数量即为单元内危险化学品的总量，若等于或超过相应的临界量，则定为重大危险源。

单元内存在的危险化学品为多品种时，则按下式计算，若满足下式，则定为重大危险源：

$$q_1/Q_1 + q_2/Q_2 + \cdots + q_n/Q_n \geqslant 1$$

式中　$q_1, q_2, \cdots, q_n$——每种危险化学品实际存在量，t；

　　　$Q_1, Q_2, \cdots, Q_n$——与每种危险化学品相对应的临界量，t。

危险化学品储罐以及其他容器、设备或仓储区的危险化学品实际存在量按设计最大量确定。

对于危险化学品混合物，如果混合物与其纯物质属于相同危险类别，则视混合物为纯物质，按混合物整体进行计算。如果混合物与其纯物质不属于相同危险类别，则应按新危险类别考虑其临界量。

二、危险化学品重大危险源分级

1. 重大危险源的分级指标

采用单元内各种危险化学品实际存在量与其相对应的临界量比值，经校正系数校正后的比值之和 R 作为分级指标。

2. 重大危险源分级指标计算方法

重大危险源的分级指标按下式计算：

$$R = \alpha\,(\beta_1 q_1/Q_1 + \beta_2 q_2/Q_2 + \cdots + \beta_n q_n/Q_n)$$

式中　　　R——重大危险源分级指标；

　　　　　α——该危险化学品重大危险源厂区外暴露人员的校正系数；

　$\beta_1, \beta_2, \cdots, \beta_n$——与每种危险化学品相对应的校正系数；

$q_1, q_2, \cdots, q_n$——每种危险化学品的实际存在量，t；

$Q_1, Q_2, \cdots, Q_n$——与每种危险化学品相对应的临界量，t。

根据单元内危险化学品的类别不同，设定校正系数 β 值。在表3（表3 毒性气体校正系数 β 取值略）范围内的危险化学品，其 β 值按表3确定；未在表3 范围内的危险化学品，其 β 值按表4（表略）确定。

根据危险化学品重大危险源的厂区边界向外扩展500m范围内常住人口数量，按照表2-1设定暴露人员校正系数 α 值。

表2-1　　　　　　　　　　　暴露人员校正系数 α 取值表

厂外可能暴露人员数量	校正系数 α	厂外可能暴露人员数量	校正系数 α
100 人以上	2.0	1~29 人	1.0
50~99 人	1.5	0 人	0.5
30~49 人	1.2		

3. 重大危险源级分级标准

根据计算出来的 R 值，按表 2-2 确定危险化学品重大危险源的级别。

表 2-2　　　　　　　　　　　重大危险源级别和 R 值的关系

重大危险源级别	R 值	重大危险源级别	R 值
一级	$R \geqslant 100$	三级	$50 > R \geqslant 10$
二级	$100 > R \geqslant 50$	四级	$R < 10$

三、危险化学品重大危险源监督管理

这部分的内容及模拟试题见《安全生产法律法规》第七章第十四节。

模 拟 试 题 及 考 点

1. 危险化学品重大危险源是长期地或临时地_____危险化学品，且危险化学品的数量等于或超过临界量的_____。

A. 生产、加工、使用和储存，设施

B. 生产、储存、使用和运输，设施

C. 生产、储存、使用和运输，单元

D. 生产、储存、使用和经营，单元

【考点】"一、危险化学品重大危险源辨识"。

2. 某企业生产装置内有硝化甘油 900kg，硝化甘油的临界量为 1t，则该装置_____重大危险源。

A. 构成　　　　　　　　B. 不构成

【考点】"一、危险化学品重大危险源辨识"。

3. 某企业储存场所有甲烷 20t，乙醚 5t，磷化氢 0.15t，甲烷、乙醚、磷化氢的临界量分别为 50t、10t 和 1t，则该场所_____重大危险源。

A. 构成　　　　　　　　B. 不构成

【考点】"一、危险化学品重大危险源辨识"。

4. 某焦化厂精制苯储罐区有 3 个 560m³ 和 2 个 200m³ 苯储罐，则该储罐区_____重大危险源。（苯的密度 0.878 6t/m³，苯的临界量 50t）

A. 构成　　　　　　　　B. 不构成

【考点】"一、危险化学品重大危险源辨识"。

5. 若某重大危险源分级指标 R 的值为 75，则该重大危险源的级别为_____级。

A. 一　　　　　　B. 二　　　　　　C. 三　　　　　　d. 四

【考点】"二、危险化学品重大危险源分级"。

★6. 下列因素中与危险化学品重大危险源的级别有关的是_____。

A. 危险化学品的实际存在量

B. 危险化学品的临界量

C. 单元内危险化学品的类别

D. 重大危险源风险控制措施的有效性

E. 重大危险源的厂区边界向外扩展 500m 范围内常住人口数量

【考点】"二、危险化学品重大危险源分级"。

第十节　劳动防护用品管理

一、劳动防护用品的分类

1. 按防护性能分类

（1）特种防护用品：六大类 21 小类，见本节"五、1"。

（2）一般劳动防护用品。

未列入特种劳动防护用品目录的劳动防护用品为一般劳动防护用品，如一般的工作服、手套等。

2. 按防护部位分类

（1）头部防护用品，如安全帽、防电磁辐射帽。

（2）呼吸器官防护用品，如防尘口罩（面具）、防毒口罩（面具）等。

（3）眼面部防护用品，如焊接护目镜和面罩、防冲击眼护具等。

（4）听觉器官防护用品，如耳塞、防噪声头盔等。

（5）手部防护用品，如防酸碱手套、绝缘手套等。

（6）足部防护用品，如防砸鞋、电绝缘鞋、防震鞋等。

（7）躯干防护用品，如阻燃服、耐酸碱服。

（8）护肤用品，如防腐、防射线的护肤品等。

3. 按照用途分类

（1）防止伤亡事故：防坠落用品，防冲击用品，防触电用品，防机械外伤用品，耐酸碱用品，耐油用品，防水用品，防寒用品。

（2）预防职业病：防尘用品，防毒用品，防振动用品，防噪声用品，防辐射用品，防高低温用品等。

二、劳动防护用品的配置

1. 选用原则

（1）根据国家标准、行业标准或地方标准的相关要求选用。

（2）根据生产作业环境、劳动强度以及生产岗位性质，结合防护用品的防护性能，综合分析后选用。

（3）穿戴要舒适方便，不影响工作。

2. 购置和发放要求

（1）按《劳动防护用品配备标准（试行）》（国经贸安全〔2000〕189号），为从业人员免费提供符合国家规定的护品，不得以货币或其他物品替代应当配备的护品。

（2）到定点经营单位或生产企业购买特种劳动防护用品。特种劳动防护用品必须具有"三证"和"一标志"，即生产许可证、产品合格证、安全鉴定证和安全标志。购买的护品须经本单位安全管理部门验收。按照护品的使用要求，在使用前对其防护功能进行必要的检查。

（3）教育从业人员，按照护品的使用规则和防护要求，做到"三会"：会检查护品的可靠性；会正确使用护品；会正确维护保养护品，并进行监督检查。

（4）按照产品说明书的要求，及时更换、报废过期和失效的护品。

（5）建立健全护品的购买、验收、保管、发放、使用、更换、报废等管理制度和使用档案，并进行必要的监督检查。

三、劳动防护用品的使用管理

1. 采购验收

生产经营单位应统一进行劳动防护用品的采购，到货后应由安全管理部门组织相关人员按标准进行验收，检查"三证一标志"是否齐全有效，进行外观检查，必要时应进行试验验收。

2. 使用前检查

从业人员每次使用前应对其进行检查，生产经营单位可制定相应检查表，供从业人员检查使用，防止使用功能损坏的劳动防护用品。

3. 使用中检查

安全生产管理部门在组织开展安全检查时，应将劳动防护用品的检查列入检查表，进行经常性的检查。重点是必须在其性能范围内使用，不超极限使用等。

4. 正确使用

从业人员应严格按照使用说明书正确使用劳动防护用品。

四、特种劳动防护用品安全标志管理

根据国家安全生产监督管理部门《劳动防护用品监督管理规定》《特种劳动防护用品安全标志实施细则》，对特种劳动防护用品实行安全标志管理。

对生产经营单位的要求：

（1）生产企业生产的特种劳动防护用品必须取得特种劳动防护用品安全标志。

（2）经营劳动防护用品的单位不得经营假冒伪劣劳动防护用品和无安全标志的特种劳动防护用品。

（3）生产经营单位不得采购和使用无安全标志的特种劳动防护用品；购买的特种劳动防护用品须经本单位的安全生产技术部门或者管理人员检查验收。

五、特种劳动防护用品目录及其安全标志标识

1. 特种劳动防护用品目录（表2–3）

表2–3　　　　　　　　　　　　　　特种劳动防护用品目录

大　类	小　类
1. 头部护具类	安全帽
2. 呼吸护具类	防尘口罩；过滤式防毒面具；自给式空气呼吸器；长管面具
3. 眼（面）护具类	焊接眼面防护具；防冲击眼护具
4. 防护服类	阻燃防护服；防酸工作服；防静电工作服
5. 防护鞋类	保护足趾安全鞋；防静电鞋、导电鞋；防刺穿鞋；胶面防砸安全靴；电绝缘鞋；耐酸碱皮鞋；耐酸碱胶靴；耐酸碱塑料模压靴
6. 防坠落护具类	安全带；安全网；密目式安全立网

2. 特种劳动防护用品安全标志标识

特种劳动防护用品安全标志由特种劳动防护用品安全标志证书和特种劳动防护用品安全标志标识两部分组成。

特种劳动防护用品安全标志证书由国家安全生产监督管理部门监制，加盖特种劳动防护用品安全标志管理中心印章。

取得特种劳动防护用品安全标志的产品应在产品的明显位置加施特种劳动防护用品安全标志标识，标识设施应牢固耐用。

特种劳动防护用品安全标志标识由盾牌图形和特种劳动防护用品安全标志的编号组成。

本标识采用古代盾牌之形状，取"防护"之意。盾牌中间采用字母"LA"表示"劳动安全"之意。特种劳动防护用品安全标志的编号采用 3 层数字和字母组合构成，形式为"××–××–××××××"。第一层的两位数字代表获得标识使用授权的年份；第二层的两位数字代表获得标识使用授权的生产企业所属的省级行政地区的区划代码（进口产品，第二层的代码则以两位英文字母缩写表示该进口产品产地的国家代码）；第三层代码的前三位数字代表产品的名称代码，后三位数字代表获得标识使用授权的顺序。

特种劳动防护用品安全标志标识按尺寸大小分为四种规格，不同尺寸的图形用于不同类型的特种劳动防护用品。

模 拟 试 题 及 考 点

★1. 特种劳动防护用品必须具有"三证""一标志"，其中三证是_____。
A. 产品合格证　　　　B. 安全鉴定证　　　　C. 质量鉴定证　　　　D. 生产许可证
【考点】"二、劳动防护用品的配置"。

2. 生产经营单位要教育从业人员，按照护品的使用规则和防护要求，对劳动防护用品做到_____。

A. 会检查（可靠性）；会正确使用；会正确维护保养

B. 会验收；会正确使用；会检查（可靠性）

C. 会检查（可靠性）；会正确使用；会报废

D. 会正确使用；会正确维护保养；会报废

【考点】"二、劳动防护用品的配置"。

3. 生产经营单位应按照_____的要求，及时更换、报废过期和失效的防护用品。

A. 使用场所　　　B. 磨损程度　　　C. 使用人员　　　D. 产品说明书

【考点】"二、劳动防护用品的配置"。

4. 生产经营单位应为从业人员免费提供符合国家规定的劳动防护用品，_____用货币或其他物品替代应当配备的防护用品。

A. 可以　　　B. 不得以　　　C. 部分可以　　　D. 可以全部

【考点】"二、劳动防护用品的配置"。

5. 正确使用劳动防护用品的要求，不包括_____。

A. 使用前应首先做一次外观检查

B. 使用前应首先做一次防护性能测试

C. 在劳动防护用品性能范围内使用，不得超极限使用

D. 严格按照《使用说明书》使用劳动防护用品

【考点】"三、劳动防护用品的使用管理"。

6. 特种劳动防护用品分为 6 大类，_____不属于特种劳动防护用品类别。

A. 头部护具类　　　　　　　　B. 防护服类

C. 听力保护用品类　　　　　　D. 防坠落护具类

【考点】"五、特种劳动防护用品目录及其安全标志标识"。

★7. _____属于特种劳动防护用品。

A. 工作帽　　　B. 防寒服　　　C. 安全带　　　D. 电绝缘鞋

【考点】"五、特种劳动防护用品目录及其安全标志标识"。

8. 下列关于特种劳动防护用品安全标志标识的叙述中不准确的是_____。

A. 取得特种劳动防护用品安全标志的产品应在产品的明显位置加施特种劳动防护用品安全标志标识，标志标识应牢固耐用

B. 特种劳动防护用品安全标志标识由盾牌图形和安全标志的编号组成

C. 特种劳动防护用品安全标志的编号采用 3 层数字和字母组合构成，第一层的两位数字代表获得标识使用授权的生产企业所属的省级行政地区的区划代码

D. 特种劳动防护用品安全标志标识按尺寸大小分为四种规格

【考点】"五、特种劳动防护用品目录及其安全标志标识"。

9. 特种劳动防护用品安全标志由特种劳动防护用品安全标志证书和特种劳动防护用品安全标志标识两部分组成，安全标志证书由_____监制。

A. 国家安全生产监督管理总局（现应急管理部）

B. 住房和城乡建设部

C. 国家市场监督管理总局

D. 人力资源和社会保障部

【考点】"五、特种劳动防护用品目录及其安全标志标识"。

第十一节 危险作业安全管理

本节的内容来源于 AQ 3022—2008《化学品生产单位动火作业安全规范》、AQ 3021—2008《化学品生产单位吊装作业安全规范》、AQ 3025—2008《高处作业安全规范》、AQ 3028—2008《化学品生产单位受限空间作业安全规范》、JGJ 46—2005《施工现场临时用电安全技术规范》和 GB 6722—2014《爆破安全规程》。

一、作业分级及作业证管理

表 2–4 中，"作业证"是《吊装安全作业证》《动火安全作业证》《高处安全作业证》《受限空间安全作业证》的简称。

表 2–4　　　　　　　　　　　　作业分级及作业证管理

危险作业	级别	说明		作业证审批人及有效期
动火作业	特殊动火作业	在生产运行状态下的易燃易爆生产装置、输送管道、储罐、容器等部位上及其他特殊危险场所进行的动火作业。带压不置换动火作业按特殊动火作业管理	一个动火点、一张动火证遇节日、假日或其他特殊情况时，动火作业应升级管理	主管厂长或总工程师；≤8h
	一级动火作业	在易燃易爆场所进行的除特殊动火作业以外的动火作业。厂区管廊上的动火作业按一级动火作业管理		主管安全（防火）部门；≤8h
	二级动火作业	除特殊动火作业和一级动火作业以外的禁火区的动火作业。 凡生产装置或系统全部停车，装置经清洗、置换、取样分析合格并采取安全隔离措施后，可根据其火灾、爆炸危险性大小，经厂安全（防火）部门批准，动火作业可按二级动火作业管理		动火点所在车间主管负责人；≤72h
吊装作业	一级吊装作业	$m > 100t$	m 为吊装重物的质量 $m > 10t$ 的重物应办理《作业证》	安全管理部门负责人；8h
	二级吊装作业	$40t \leq m \leq 100t$		安全管理部门负责人；8h
	三级吊装作业	$m < 40t$		作业单位负责人；7d

危险作业	级别	说明		作业证审批人及有效期
高处作业	特级高处作业	$h \geqslant 30m$		主管安全负责人（安全部门审核）；7d
	三级高处作业	$15m \leqslant h < 30m$	h代表作业高度	厂相关主管部门（车间审核）；7d
	二级高处作业	$5m \leqslant h < 15m$		
	一级高处作业	$2m \leqslant h < 5m$		车间；7d
受限空间作业				受限空间所在单位负责人；一处受限空间、同一作业内容有效

二、需要明确安全职责的人员和对作业人员的要求（表2-5）

表2-5　　　　　　　　　需要明确安全职责的人员和对作业人员的要求

危险作业	需要明确安全职责的人员	对作业人员的要求
动火作业	动火作业负责人、动火人、监火人、动火部位负责人、动火分析人、作业审批人	焊接与热切割人员持有效的特种作业操作资格证
吊装作业	指挥人员、起重工、作业地点所在部门负责人、作业部门负责人、审批人	吊装作业人员（指挥人员、起重工）持有效的特种作业人员操作证
高处作业	作业人员、搭设作业安全设施的人员、作业负责人、审批人	登高架设作业人员和高处安装、维护、拆除作业人员持有效的特种作业操作资格证；搭设高处作业安全设施的人员，经过专业技术培训及专业考试合格，持证上岗，并应定期进行体格检查；患有职业禁忌证、年老体弱、疲劳过度、视力不佳及其他不适于高处作业的人员，不得进行高处作业
受限空间作业	作业负责人、监护人员、作业人员、应急救援人员、作业审批人	如作业人员是特种作业人员，持特种作业操作资格证
临时用电作业	电气工程技术人员（临时用电组织设计）、作业负责人、电工、其他用电人员、具有法人资格企业的技术负责人（临时用电组织设计批准）	电工持特种作业操作资格证；其他用电人员必须通过相关安全教育培训和技术交底，考核合格后方可上岗工作
爆破作业	爆破作业人员：爆破工程技术人员、爆破员、安全员和保管员	爆破工程技术人员具有爆破专业知识和实践经验并通过考核，获得从事爆破工作资格证书；爆破员、安全员、保管员经设区的市级人民政府公安机关考核合格，取得《爆破作业人员许可证》

三、动火作业安全要求

1. 动火作业安全防火基本要求

（1）动火作业应有专人监火，动火作业前应清除动火现场及周围的易燃物品，或采取其他有效的安全防火措施，配备足够适用的消防器材。

（2）凡在盛有或盛过危险化学品的容器、设备、管道等生产、储存装置及处于GB 50016规定的甲、乙类区域的生产设备上动火作业，应将其与生产系统彻底隔离，并进行清洗、置换，取样分析合格后方可动火作业。

（3）凡处于GB 50016规定的甲、乙类区域的动火作业，地面如有可燃物、空洞、窨井、地沟、水封等，应检查分析，距用火点15m以内的，应采取清理或封盖等措施；对于用火点周围有可能泄漏易燃、可燃物料的设备，应采取有效的空间隔离措施。

（4）拆除管线的动火作业，应先查明其内部介质及其走向，并制订相应的安全防火措施。

（5）在生产、使用、储存氧气的设备上进行动火作业，氧含量不得超过21%。

（6）五级风以上（含五级风）天气，原则上禁止露天动火作业。因生产需要确需动火作业时，动火作业应升级管理。

（7）凡在有可燃物构件的凉水塔、脱气塔、水洗塔等内部进行动火作业时，应采取防火隔绝措施。

（8）动火期间距动火点30m内不得排放各类可燃气体；距动火点15m内不得排放各类可燃液体；不得在动火点10m范围内及用火点下方同时进行可燃溶剂清洗或喷漆等作业。

（9）动火作业前，应检查电焊、气焊、手持电动工具等动火工器具，保证安全可靠。

（10）使用气焊、气割动火作业时，乙炔瓶应直立放置；氧气瓶与乙炔气瓶间距不应小于5m，二者与动火作业地点不应小于10m，并不得在烈日下曝晒。

（11）动火作业完毕，动火人和监火人以及参与动火作业的人员应清理现场，监火人确认无残留火种后方可离开。

2. 特殊动火作业的安全防火要求

特殊动火作业在符合"1. 动火作业安全防火基本要求"的规定的同时，还应符合以下规定。

（1）在生产不稳定的情况下不得进行带压不置换动火作业。

（2）应事先制定安全施工方案，落实安全防火措施，必要时可请专职消防队到现场监护。

（3）动火作业前，生产车间（分厂）应通知工厂生产调度部门及有关单位，使之在异常情况下能及时采取相应的应急措施。

（4）动火作业过程中，应使系统保持正压，严禁负压动火作业。

（5）动火作业现场的通排风应良好，以便使泄漏的气体能顺畅排走。

3. 动火分析及合格标准

动火作业前应进行安全分析，动火分析的取样点要有代表性。

当被测气体或蒸气的爆炸下限大于等于4%时，其被测浓度应不大于0.5%（体积百分数）；当被测气体或蒸气的爆炸下限小于4%时，其被测浓度应不大于0.2%（体积百分数）。

四、吊装作业安全要求

1. 作业安全管理基本要求

（1）应按照国家标准规定对吊装机具进行日检、月检、年检。对检查中发现问题的吊装机具，应进行检修处理，并保存检修档案。检查应符合 GB 6067 的要求。

（2）吊装质量大于或等于 40t 的重物和土建工程主体结构，应编制吊装作业方案。吊装物体虽不足 40t，但形状复杂、刚度小、长径比大、精密贵重，以及在作业条件特殊的情况下，也应编制吊装作业方案、施工安全措施和应急救援预案。

（3）吊装作业方案、施工安全措施和应急救援预案经作业主管部门和相关管理部门审查，报安全管理部门负责人批准后方可实施。

（4）利用两台或多台起重机械吊运同一重物时，升降、运行应保持同步；各台起重机械所承受的载荷不得超过各自额定起重能力的 80%。

2. 作业前的安全检查

（1）相关部门应对从事指挥和操作的人员进行资质确认。

（2）相关部门进行有关安全事项的研究和讨论，对安全措施落实情况进行确认。

（3）实施吊装作业单位的有关人员应对起重吊装机械和吊具进行安全检查确认，确保处于完好状态。

（4）实施吊装作业单位使用汽车吊装机械，要确认安装有汽车防火罩。

（5）实施吊装作业单位的有关人员应对吊装区域内的安全状况进行检查（包括吊装区域的划定、标识、障碍）。警戒区域及吊装现场应设置安全警戒标志，并设专人监护，非作业人员禁止入内。安全警戒标志应符合 GB 16179 的规定。

（6）实施吊装作业单位的有关人员应在施工现场核实天气情况。室外作业遇到大雪、暴雨、大雾及 6 级以上大风时，不应安排吊装作业。

3. 作业中的安全措施

（1）吊装作业时应明确指挥人员，指挥人员应佩戴明显的标志；应佩戴安全帽，安全帽应符合 GB 2811 的规定。

（2）应分工明确、坚守岗位，并按 GB 5082 规定的联络信号，统一指挥。指挥人员按信号进行指挥，其他人员应清楚吊装方案和指挥信号。

（3）正式起吊前应进行试吊，试吊中检查全部机具、地锚受力情况，发现问题应将工件放回地面，排除故障后重新试吊，确认一切正常，方可正式吊装。

（4）严禁利用管道、管架、电杆、机电设备等作吊装锚点。未经有关部门审查核算，不得将建筑物、构筑物作为锚点。

（5）吊装作业中，夜间应有足够的照明。室外作业遇到大雪、暴雨、大雾及 6 级以上大风时，应停止作业。

（6）吊装过程中，出现故障，应立即向指挥者报告，没有指挥令，任何人不得擅自离开岗位。

（7）起吊重物就位前，不许解开吊装索具。

（8）利用两台或多台起重机械吊运同一重物时，升降、运行应保持同步；各台起重机械所承受的载荷不得超过各自额定起重能力的 80%。

4. 操作人员应遵守的规定

执行 AQ 3021—2008《化学品生产单位吊装作业安全规范》"8"的规定。

五、高处作业安全要求

1. 高处作业前的安全要求

（1）作业前检查：

1）安全标志、工具、仪表、电气设施和各种设备，确认其完好后投入使用；

2）作业人员佩戴符合国家标准的劳动保护用品，安全带符合 GB 6095 的要求，安全帽符合 GB 2811 的要求；

3）使用的材料、器具、设备，应符合有关安全标准要求；

4）作业用的脚手架的搭设应符合国家有关标准；

5）供作业人员上下用的梯道、电梯、吊笼等要符合有关标准要求；

6）便携式木梯和便携式金属梯梯脚底部应坚实，不得垫高使用。踏板不得有缺档。梯子的上端应有固定措施。立梯工作角度、梯子如需接长使用的连接措施、折梯使用时上部夹角等符合相关标准的规定。

（2）在下列情况下进行高处作业，应制定、执行应急预案：

1）遇有 6 级以上强风、浓雾等恶劣气候下的露天攀登与悬空高处作业；

2）在临近有排放有毒、有害气体、粉尘的放空管线或烟囱的场所进行高处作业时，作业点的有毒物浓度不明。

（3）夜间高处作业应有充足的照明。

（4）与带电体的距离要符合表 2-6 的规定。

表 2-6   各电压等级下最小接近带电体距离

电压等级/kV	10 以下	20～35	44	60～110	154	220
距离/m	1.7	2	2.2	2.5	3	4

2. 作业中的安全要求与防护

（1）作业中应正确使用防坠落用品与登高器具、设备。高处作业人员应系用与作业内容相适应的安全带，安全带应系挂在作业处上方的牢固构件上或专为挂安全带用的钢架或钢丝绳上，不得系挂在移动或不牢固的物件上；不得系挂在有尖锐棱角的部位。安全带不得低挂高用。系安全带后应检查扣环是否扣牢。

（2）作业场所有坠落可能的物件，应一律先行撤除或加以固定。高处作业所使用的工具、材料、零件等应装入工具袋，上下时手中不得持物。工具在使用时应系安全绳，不用时放入工具袋中。不得投掷工具、材料及其他物品。易滑动、易滚动的工具、材料堆放在脚手架上时，应采取防止坠落措施。高处作业中所用的物料，应堆放平稳，不妨碍通行和装卸。作业中的走道、通道板和登高用具，应随时清扫干净；拆卸下的物件及余料和废料均应及时清理运走，不得任意乱置或向下丢弃。

（3）雨天和雪天进行高处作业时，应采取可靠的防滑、防寒和防冻措施。凡水、冰、霜、雪均应及时清除。对进行高处作业的高耸建筑物，应事先设置避雷设施。遇有 6 级以上强风、浓雾等恶劣气候，不得进行特级高处作业、露天攀登与悬空高处作业。暴风雪及台风暴雨后，应对高处作业安全设施逐一加以检查，发现有松动、变形、损坏或脱落等现象，应立即修理完善。

（4）在临近有排放有毒、有害气体、粉尘的放空管线或烟囱的场所进行高处作业时，作业点的有毒物浓度应在允许浓度范围内，并采取有效的防护措施。

（5）带电高处作业应符合 GB/T 13869 的有关要求。高处作业涉及临时用电时应符合 JCJ 46 的有关要求。

（6）高处作业应与地面保持联系，根据现场配备必要的联络工具，并指定专人负责联系。

（7）不得在不坚固的结构（如彩钢板屋顶、石棉瓦、瓦棱板等轻型材料等）上作业，登不坚固的结构作业前，应保证其承重的立柱、梁、框架的受力能满足所承载的负荷，应铺设牢固的脚手板，并加以固定，脚手板上要有防滑措施。

（8）作业人员不得在高处作业处休息。

（9）高处作业与其他作业交叉进行时，应按指定的路线上下，不得上下垂直作业，如果需要垂直作业时应采取可靠的隔离措施。

（10）在采取地（零）电位或等（同）电位作业方式进行带电高处作业时。应使用绝缘工具或穿均压服。

（11）因作业必需，临时拆除或变动安全防护设施时，应经作业负责人同意，并采取相应的措施，作业后应立即恢复。

（12）防护棚搭设时，应设警戒区，并派专人监护。

（13）发现高处作业的安全技术设施有缺陷和隐患时，应及时解决；危及人身安全时，应停止作业。作业人员在作业中如果发现情况异常，应发出信号，并迅速撤离现场。

3. 作业完工后的安全要求

（1）作业现场清扫干净，作业用的工具、拆卸下的物件及余料和废料应清理运走。

（2）脚手架、防护棚拆除时，应设警戒区，并派专人监护。拆除脚手架、防护棚时不得上部和下部同时施工。

（3）作业完工后，临时用电的线路应由具有特种作业操作证书的电工拆除。

六、受限空间作业安全要求

1. 安全隔绝

受限空间与其他系统连通的可能危及安全作业的管道应采取有效隔离措施。

管道安全隔绝可采用插入盲板或拆除一段管道进行隔绝，不能用水封或关闭阀门等代替盲板或拆除管道。

与受限空间相连通的可能危及安全作业的孔、洞应进行严密地封堵。

受限空间带有搅拌器等用电设备时，应在停机后切断电源，上锁并加挂警示牌。

2. 清洗或置换

受限空间作业前，应根据受限空间盛装（过）的物料的特性，对受限空间进行清洗或置换，并达到下列要求：

氧含量一般为18%～21%，在富氧环境下不得大于23.5%。

有毒气体（物质）浓度应符合GBZ 2 的规定。

可燃气体浓度：当被测气体或蒸气的爆炸下限大于等于 4%时，其被测浓度不大于 0.5%（体积百分数）；当被测气体或蒸气的爆炸下限小于 4%时，其被测浓度不大于 0.2%（体积百分数）。

3. 通风

应采取措施，保持受限空间空气良好流通。

（1）打开人孔、手孔、料孔、风门、烟门等与大气相通的设施进行自然通风；

（2）必要时，可采取强制通风；

（3）采用管道送风时，送风前应对管道内介质和风源进行分析确认；

（4）禁止向受限空间充氧气或富氧空气。

4. 监测

作业前 30min 内，应对受限空间进行气体采样分析，分析合格后方可进入。

分析仪器应在校验有效期内，使用前应保证其处于正常工作状态。

采样点应有代表性，容积较大的受限空间，应采取上、中、下各部位取样。

作业中应定时监测，至少每 2h 监测一次，如监测分析结果有明显变化，则应加大监测频率；作业中断超过 30min 应重新进行监测分析，对可能释放有害物质的受限空间，应连续监测。情况异常时应立即停止作业，撤离人员，经对现场处理，并取样分析合格后方可恢复作业。

涂刷具有挥发性溶剂的涂料时，应做连续分析，并采取强制通风措施。

采样人员深入或探入受限空间采样时应采取"5"中规定的防护措施。

5. 个体防护措施

受限空间经清洗或置换不能达到"2. 清洗或置换"中的要求时，应采取相应的防护措施方可作业：

（1）在缺氧或有毒的受限空间作业时，应佩戴隔离式防护面具，必要时作业人员应拴带救生绳。

（2）在易燃易爆的受限空间作业时，应穿防静电工作服、工作鞋，使用防爆型低压灯具及不发生火花的工具。

（3）在有酸碱等腐蚀性介质的受限空间作业时，应穿戴好防酸碱工作服、工作鞋、手套等护品。

（4）在产生噪声的受限空间作业时，应佩戴耳塞或耳罩等防噪声护具。

6. 照明及用电安全

受限空间照明电压应小于或等于 36V，在潮湿容器、狭小容器内作业电压应小于或等于12V。

使用超过安全电压的手持电动工具作业或进行电焊作业时，应配备漏电保护器。在潮湿容器中，作业人员应站在绝缘板上，同时保证金属容器接地可靠。

临时用电应办理用电手续，按 GB/T 13869 规定架设和拆除。

7. 监护

受限空间作业，在受限空间外应设有专人监护。

进入受限空间前，监护人应会同作业人员检查安全措施，统一联系信号。

在风险较大的受限空间作业，应增设监护人员，并随时保持与受限空间作业人员的联络。

监护人员不得脱离岗位，并应掌握受限空间作业人员的人数和身份，对人员和工器具进行清点。

8. 其他安全要求

在受限空间作业时应在受限空间外设置安全警示标志。

受限空间出入口应保持畅通。

多工种、多层交叉作业应采取互相之间避免伤害的措施。

作业人员不得携带与作业无关的物品进入受限空间，作业中不得抛掷材料、工器具等物品。

受限空间外应备有空气呼吸器（氧气呼吸器）、消防器材和清水等相应的应急用品。

严禁作业人员在有毒、窒息环境下摘下防毒面具。

难度大、劳动强度大、时间长的受限空间作业应采取轮换作业。

在受限空间进行高处作业应按 AQ 3026—2008《化学品生产单位高处作业安全规范》的规定进行，应搭设安全梯或安全平台。

在受限空间进行动火作业应按 AQ 3022—2008《化学品生产单位动火作业安全规范》的规定进行。

作业前后应清点作业人员和作业工器具。作业人员离开受限空间作业点时，应将作业工器具带出。

作业结束后，由受限空间所在单位和作业单位共同检查受限空间内外，确认无问题后方可封闭受限空间。

七、临时用电作业安全要求

JGJ 46—2005《施工现场临时用电安全技术规范》适用于工业与民用建筑和市政基础设施施工现场，临时用电工程中的电源中性点直接接地的 220/380V 三相四线制低压电力系统的设计、安装、使用、维修和拆除。

1. 三相四线制低压电力系统必须符合的规定

建筑施工现场临时用电工程专用的电源中性点直接接地的 220/380V 三相四线制低压电力系统，必须符合下列规定：

（1）采用三级配电系统；

（2）采用 TN–S 接零保护系统；

（3）采用二级漏电保护系统。

2. 临时用电管理

（1）临时用电组织设计。

施工现场临时用电设备在 5 台及以上或设备总容量在 50kW 及以上者，应编制用电组织设计。

临时用电组织设计及变更时，必须履行"编制、审核、批准"程序，由电气工程技术人员组织编制，经相关部门审核及具有法人资格企业的技术负责人批准后实施。变更用电组织设计时应补充有关图纸资料。

临时用电工程必须经编制、审核、批准部门和使用单位共同验收，合格后方可投入使用。

（2）电工及用电人员。

安装、巡检、维修或拆除临时用电设备和线路，必须由电工完成，并应有人监护。

各类用电人员应掌握安全用电基本知识和所用设备的性能，并应符合下列规定：

使用电气设备前必须按规定穿戴和配备好相应的劳动防护用品，并应检查电气装置和保护设施，严禁设备带缺陷运转；

保管和维护所用设备，发现问题及时报告解决；

暂时停用设备的开关箱必须分断电源隔离开关，并应关门上锁；

移动电气设备时，必须经电工切断电源并做妥善处理后进行。

（3）施工现场临时用电必须建立安全技术档案。

（4）定期检查。

临时用电工程应定期检查。定期检查时，应复查接地电阻值和绝缘电阻值。

临时用电工程定期检查应按分部、分项工程进行，对安全隐患必须及时处理，并应履行复查验收手续。

3. 若干重要技术要求

（1）接地与防雷。

在施工现场专用变压器的供电的 TN-S 接零保护系统中，电气设备的金属外壳必须与保护零线连接。保护零线应由工作接地线、配电室（总配电箱）电源侧零线或总漏电保护器电源侧零线处引出。

当施工现场与外电线路共用同一供电系统时，电气设备的接地、接零保护应与原系统保持一致。不得一部分设备做保护接零，另一部分设备做保护接地。

采用 TN 系统做保护接零时，工作零线（N 线）必须通过总漏电保护器，保护零线（PE 线）必须由电源进线零线重复接地处或总漏电保护器电源侧零线处，引出形成局部 TN-S 接零保护系统。

PE 线上严禁装设开关或熔断器，严禁通过工作电流且严禁断线。

TN 系统中的保护零线除必须在配电室或总配电箱处做重复撞地外，还必须在配电系统的中间处和末端处做重复接地。

在 TN 系统中，保护零线每一处重复接地装置的接地电阻值不应大于 10Ω。在工作接地电阻值允许达到 10Ω 的电力系统中，所有重复接地的等效电阻值不应大于 10Ω。

做防雷接地机械上的电气设备，所连接的 PE 线必须同时做重复接地，同一台机械电气设备的重复接地和机械的防雷接地可共用同一接地体，但接地电阻应符合重复接地电阻值的要求。

（2）配电室。

配电柜应设电源隔离开关及短路、过载、漏电保护电器。电源隔离开关分断时应有明显可见分断点。

配电柜或配电线路停电维修时，应挂接地线，应悬挂"禁止合闸　有人工作"停电标志牌。停送电必须由专人负责。

发电机组电源必须与外电线路电源连锁，严禁并列运行。

发电机组并列运行时，必须装设同期装置，并在机组同步运行后再向负载供电。

（3）电缆线路。

电缆中必须包含全部工作芯线和用作保护零线或保护线的芯线。需要三相四线制配电的电缆线路必须采用五芯电缆。

五芯电缆必须包含淡蓝、绿/黄二种颜色绝缘芯线。淡蓝色芯线必须用作 N 线；绿/黄双色芯线必须用作 PE 线，严禁混用。

电缆线路应采用埋地或架空敷设，严禁沿地面明设，并应避免机械损伤和介质腐蚀。埋地电缆路径应设方位标志。

（4）配电箱及开关箱。

配电系统应设置配电柜或总配电箱、分配电箱、开关箱，实行三级配电。

漏电保护器应装设在总配电箱、开关箱靠近负荷的一侧，且不得用于启动电气设备的操作。

使用于潮湿或有腐蚀介质场所的漏电保护器应采用防溅型产品，其额定漏电动作电流不应大于 15mA，额定漏电动作时间不应大于 0.1s。

总配电箱中漏电保护器的额定漏电动作电流应大于 30mA，额定漏电动作时间应大于 0.1s，但其额定漏电动作电流与额定漏电动作时间的乘积不应大于 30mAs。

开关箱中漏电保护器的额定漏电动作电流不应大于 30mA，额定漏电动作时间不应大于 0.1s。

开关箱中宜选用电磁式漏电开关。

八、爆破作业安全要求

1. 爆破工程分级

爆破工程按工程类别、一次爆破总药量、爆破环境复杂程度和爆破物特征，分 A、B、C、D 四个级别，实行分级管理。矿山内部且对外部环境无安全危害的爆破工程不实行分级管理。

2. 爆破设计、安全评估与安全监理

（1）单位资质和人员资格。

爆破设计施工、安全评估与安全监理应由具备相应资质和从业范围的爆破作业单位承担。爆破设计施工、安全评估与安全监理负责人及主要人员应具备相应的资格和作业范围。爆破作业单位不得对本单位的设计进行安全评估，不得监理本单位施工的爆破工程。

（2）设计。

爆破工程均应编制爆破技术设计文件。矿山深孔爆破和其他重复性爆破设计，允许采用标准技术设计。爆破实施后应根据爆破效果对爆破技术设计作出评估，构成完整的工程设计文件。

合格的爆破设计应符合下列条件：

1）设计单位的资质符合规定。

2）承担设计和安全评估的主要爆破工程技术人员的资格及数量符合规定。

3）设计文件通过安全评估或设计审查认为爆破设计在技术上可行、安全上可靠。

施工组织设计由施工单位编写，编写负责人所持爆破工程技术人员安全作业证的等级和作业范围应与施工工程相符合。

（3）安全评估。

凡需报公安机关审批的爆破工程，提交申请前，均应进行安全评估。

A、B级爆破工程的安全评估应至少有3名具有相应作业级别和作业范围的持证爆破工程技术人员参加；环境十分复杂的重大爆破工程应邀请专家咨询，并在专家组咨询意见的基础上，编写爆破安全评估报告。

经安全评估审批通过的爆破设计，施工时不得任意更改。施工中如发现实际情况与评估时提交的资料不符，需修改原设计文件时，对重大修改部分应重新上报评估。

（4）安全监理。

凡需报公安机关审批的爆破工程均应由建设单位委托具有相应资质的监理单位进行安全监理。

爆破安全监理的主要内容：

1）爆破作业单位是否按照设计方案施工。

2）爆破有害效应是否控制在设计范围内。

3）审验爆破作业人员的资格，制止无资格人员从事爆破作业。

4）监督民用爆炸物品领取、清退制度的落实情况。

5）监督爆破作业单位遵守国家有关标准和规范的落实情况，发现违章指挥和违章作业，有权停止其爆破作业，并向委托单位和公安机关报告。

监理方法：

1）爆破安全监理人员应在爆破器材领用、清退、爆破作业、爆后安全检查及盲炮处理的各环节上实行旁站监理，并做出监理记录。

2）每次爆破的技术设计均应经监理机构签认后，再组织实施。

3）当爆破作业严重违规经制止无效时，或施工中出现重大安全隐患，须停止爆破作业以消除隐患时，监理机构可签发爆破作业暂停令。

3. 爆破作业环境

爆破前应对爆区周围的自然条件和环境状况进行调查，了解危及安全的不利环境因素，并采取必要的安全防范措施。

（1）爆破作业场所。

爆破作业场所有下列情形之一时，不应进行爆破作业：

1）距工作面20m以内的风流中瓦斯含量达到1%或有瓦斯突出征兆。

2）爆破会造成巷道涌水、堤坝漏水、河床严重阻塞、泉水变迁。

3）岩体有冒顶或边坡滑落危险。

4）硐室、炮孔温度异常。

5）地下爆破作业区的有害气体浓度超过GB 6722—2014《爆破安全规程》表15的规定。

6）爆破可能危及建（构）筑物、公共设施或人员的安全而无有效防护措施。

7）作业通道不安全或堵塞。

8）支护规格与支护说明书的规定不符或工作面支护损坏。

9）危险区边界未设警戒。

10）光线不足且无照明或照明不符合规定。

11）未按《爆破安全规程》的要求做好准备工作。

（2）恶劣气候和水文情况。

露天和水下爆破装药前，遇以下恶劣气候和水文情况时，应停止爆破作业，所有人员应立即撤到安全地点：热带风暴或台风即将来临时；雷电、暴雨雪来临时；大雾天或沙尘暴，能见度不超过100m时；现场风力超过8级，浪高大于1.0m时，或水位暴涨暴落时。

4. 爆破工程施工准备

（1）A级、B级爆破工程，都应成立爆破指挥部，全面指挥和统筹安排爆破工程的各项工作。其他爆破应设指挥组或指挥人。

（2）施工公告。

凡须经公安机关审批的爆破作业项目，爆破作业单位应于施工前3天发布公告，并在作业地点张贴。装药前1天应发布爆破公告并在现场张贴。

（3）施工现场清理与准备。

爆破工程施工前，应根据爆破设计文件要求和场地条件，对施工场地进行规划，并开展施工现场清理与准备工作；应制定施工安全与施工现场管理的各项规章制度。

（4）装药前的施工验收。

装药前应对炮孔、硐室、爆炸处理构件逐个进行测量验收，做好记录并保存。凡报公安机关审批的爆破工程施工验收应有爆破设计人员参加。

对验收不合格的炮孔、硐室、构件，应按设计要求进行施工纠正，或报告爆破技术负责人进行设计修改。

（5）爆破器材现场检测、加工。

在实施爆破作业前，爆破器材现场检测应包括：对所使用的爆破器材进行外观检查；对电雷管进行电阻值测定；对使用的仪表、电线、电源进行必要的性能检验。A、B级爆破工程检测及试验项目还应包括：炸药的殉爆距离；延时雷管的延时时间；起爆网路连接方式的传爆可靠性试验。

加工起爆药包和起爆药柱，应在指定的安全地点进行，加工数量不应超过当班爆破作业用量。切割导爆索应使用锋利刀具，不得使用剪刀剪切。

（6）起爆方法。

1）电雷管应使用电力起爆器、动力电、照明电、发电机、蓄电池、干电池起爆。

2）电子雷管应使用配套的专用起爆器起爆。

3）导爆管雷管应使用专用起爆器、雷管或导爆索起爆。

4）导爆索应使用雷管正向起爆。

5）不应使用药包起爆导爆索和导爆管。

6）工业炸药应使用雷管和导爆索起爆，没有雷管感度的工业炸药应使用起爆药包或起爆器具起爆。

7）各种起爆方法均应远距离操作，起爆地点应不受空气冲击波、有害气体和个别飞散物危害。

8）在有瓦斯和粉尘爆炸危险的环境中爆破，应使用煤矿许用起爆器材起爆。

9）在杂散电流大于 30mA 的工作面或高压线、射频电危险范围内，不应采用普通电雷管起爆。

5. 装药

（1）装药前应对作业场地、爆破器材堆放场地进行清理，装药人员应对准备装药的全部炮孔、药室进行检查。

（2）从炸药运入现场开始，应划定装药警戒区，警戒区内禁止烟火，并不应携带火柴、打火机等火源进入警戒区域；采用普通电雷管起爆时，不得携带手机或其他移动式通信设备进入警戒区。

（3）炸药运入警戒区后，应迅速分发到各装药孔口或装药硐口，不应在警戒区临时集中堆放大量炸药，不得将起爆器材、起爆药包和炸药混合堆放。

（4）搬运爆破器材应轻拿轻放，装药时不应冲撞起爆药包。

（5）在铵油、重铵油炸药与导爆索直接接触的情况下，应采取隔油措施或采用耐油型导爆索。

（6）在黄昏或夜间等能见度差的条件下，不宜进行露天及水下爆破的装药工作，如确需进行装药作业时，应有足够的照明设施保证作业安全。

（7）炎热天气不应将爆破器材在强烈日光下暴晒。

（8）爆破装药现场不得用明火照明。

（9）爆破装药用电灯照明时，在装药警戒区 20m 以外可装 220V 的照明器材，在作业现场或硐室内应使用电压不高于 36V 的照明器材。

（10）从带有电雷管的起爆药包或起爆体进入装药警戒区开始，装药警戒区内应停电，应采用安全蓄电池灯、安全灯或绝缘手电筒照明。

（11）各种爆破作业都应按设计药量装药并做好装药原始记录。记录应包括装药基本情况、出现的问题及其处理措施。

6. 爆破警戒和信号

（1）警戒。

装药警戒范围由爆破技术负责人确定，装药时应在警戒区边界设置明显标识并派出岗哨。爆破警戒范围由设计确定。在危险区边界，应设有明显标识，并派出岗哨。

（2）信号。

预警信号：该信号发出后爆破警戒范围内开始清场工作。

起爆信号：起爆信号应在确认人员全部撤离爆破警戒区，所有警戒人员到位，具备安全起爆条件时发出。起爆信号发出后现场指挥应再次确认达到安全起爆条件，然后下令起爆。

解除信号：安全等待时间过后，检查人员进入爆破警戒范围内检查、确认安全后，报请现场指挥同意，方可发出解除警戒信号。在此之前，岗哨不得撤离，不允许非检查人员进入爆破警戒范围。

各类信号均应使爆破警戒区域及附近人员能清楚地听到或看到。

7. 爆后检查

不同爆破作业的爆后检查等待时间要符合 GB 6722—2014《爆破安全规程》的规定。等待时间满足时方准许人员进入现场检查。

爆破后应检查的内容有：

确认有无盲炮；

露天爆破爆堆是否稳定，有无危坡、危石、危墙、危房及未炸倒建（构）筑物；

地下爆破有无瓦斯及地下水突出、有无冒顶、危岩，支撑是否破坏，有害气体是否排除；

在爆破警戒区内公用设施及重点保护建（构）筑物安全情况。

检查人员发现盲炮或怀疑盲炮，应向爆破负责人报告后组织进一步检查和处理；发现其他不安全因素应及时排查处理；在上述情况下，不得发出解除警戒信号，经现场指挥同意，可缩小警戒范围。

检查之后进行盲炮处理。然后进行爆破有害效应监测，监测单位应经有关部门认证具有法定资质，所使用的测试系统应满足国家计量法规的要求。

模拟试题及考点

1. 特殊动火作业的《动火安全作业证》由_____审批。

A. 主管厂长或总工程师　　　　　　　B. 主管安全（防火）部门

C. 动火点所在车间主管负责人　　　　D. 动火作业负责人

【考点】"一、作业分级及作业证管理"。

2. 作业高度为 6m 时，《高处安全作业证》由_____审批。

A. 主管厂长或总工程师　　　　　　　B. 厂主管部门

C. 作业所在车间主管负责人　　　　　D. 高处作业负责人

【考点】"一、作业分级及作业证管理"。

★3. 吊装作业的_____须持有效的特种作业人员操作证。

A. 审批人　　　　B. 指挥人员　　　　C. 起重工　　　　D. 作业部门负责人

【考点】"二、需要明确安全职责的人员和对作业人员的要求"。

4. 对于受限空间作业，不需要明确安全职责的人员是_____。

A. 作业审批人　　　B. 作业负责人　　　C. 监护人员　　　D. 应急救援人员

E. 作业所在车间负责人

【考点】"二、需要明确安全职责的人员和对作业人员的要求"。

5. _____须经设区的市级人民政府_____考核合格，取得《爆破作业人员许可证》。

A. 爆破员、安全员、保管员，安全生产监督管理部门

B. 爆破员、安全员、保管员，公安机关

C. 爆破员、安全员，安全生产监督管理部门

D. 爆破员、安全员，公安机关

【考点】"二、需要明确安全职责的人员和对作业人员的要求"。

6. 凡在盛有或盛过危险化学品的容器、设备、管道上动火作业，应将其与生产系统彻底_____。

A. 隔开　　　　　B. 分开　　　　　C. 分离　　　　　D. 隔离

【考点】"三、动火作业安全要求"。

7. 动火期间距动火点30m内不得排放各类_____。

A. 可燃气体　　　B. 易燃气体　　　C. 可燃液体　　　D. 易燃液体

【考点】"三、动火作业安全要求"。

8. 动火作业前应进行安全分析，当被测气体或蒸气的爆炸下限大于等于 4%时，其被测浓度应不大于_____（体积百分数）。

A. 0.2%　　　　　B. 0.3%　　　　　C. 0.4%　　　　　D.0.5%

【考点】"三、动火作业安全要求"。

9. 吊装质量大于或等于_____t 的重物和土建工程主体结构，应编制吊装作业方案，经作业主管部门和相关管理部门审查，报安全管理部门负责人批准后方可实施。

A. 30　　　　　　B. 40　　　　　　C. 50　　　　　　D. 60

【考点】"四、吊装作业安全要求"。

★10. 遇有_____，不得进行吊装作业、特级高处作业、露天攀登与悬空高处作业。

A. 大雪　　　　　B. 中雨　　　　　C. 大雾　　　　　D. 5级大风

【考点】"四、吊装作业安全要求"和"五、高处作业安全要求"。

★11. 高处作业中，安全带不得_____。

A. 与作业内容不相适应　　　　　　B. 系挂在移动或不牢固的物件上

C. 高挂低用　　　　　　　　　　　D. 系挂在有尖锐棱角的部位

【考点】"五、高处作业安全要求"。

12. 下列关于进入受限空间作业前的要求，_____有误。

A. 对其与其他系统连通的可能危及安全作业的管道采取隔离措施

B. 应根据受限空间盛装过的物料的特性，对其进行清洗或置换

C. 采取通风措施，保持其空气良好流通

D. 作业前 40min 内，对其进行气体采样分析，并分析合格

【考点】"六、受限空间作业安全要求"。

13. 进入受限空间作业前，须确认其氧含量在_____范围内。

A. 17%～21%　　　B. 18%～21%　　　C. 17%～23.5%　　　D. 18%～23.5%

【考点】"六、受限空间作业安全要求"。

14. 在潮湿容器、狭小容器内作业，照明电压应小于或等于_____V。

A. 12　　　　　　B. 24　　　　　　C. 36　　　　　　D. 48

【考点】"六、受限空间作业安全要求"。

15. 临时用电的三级配电系统不包括_____。

A. 总配电箱

B. 分配电箱

C. 照明配电箱

D. 开关箱

【考点】"七、临时用电作业安全要求"。

16. 临时用电的三级配电系统中的二级漏电保护系统指的是_____。

A. 总配电箱和分配电箱内的漏电保护

B. 总配电箱和开关箱内的漏电保护

C. 分配电箱和开关箱内的漏电保护

D. 分配电箱和照明配电箱内的漏电保护

【考点】"七、临时用电作业安全要求"。

17. 重复接地的等效电阻值不应大于_____Ω。

A. 2   B. 4   C. 7   D. 10

【考点】"七、临时用电作业安全要求"。

18. 施工现场临时用电设备在_____台及以上或设备总容量在_____kW及以上者，应编制用电组织设计。

A. 5, 30   B. 10, 50   C. 10, 30   D. 5, 50

【考点】"七、临时用电作业安全要求"。

★19. 对需经公安机关审批的爆破作业项目，要求_____。

A. 提交申请前，应进行安全评估

B. 爆破作业单位应于施工前2天发布公告，并在作业地点张贴

C. 实施爆破作业时，应进行安全监理

D. 施工验收，应有爆破设计人员参加

【考点】"八、爆破作业安全要求"。

20. 爆破安全监理人员应在爆破器材领用、清退、爆破作业、爆后安全检查及盲炮处理的各环节上实行_____监理，并做出监理记录。

A. 抽检   B. 巡检   C. 旁站   D. 停工待检

【考点】"八、爆破作业安全要求"。

21. 当爆破作业场所_____时，可以进行爆破作业。

A. 距工作面22m以内的风流中瓦斯含量小于1%

B. 岩体有冒顶危险

C. 地下爆破作业区的有害气体浓度超过相关规定

D. 工作面支护损坏

E. 危险区边界未设警戒

【考点】"八、爆破作业安全要求"。

22. 进行爆破器材检测、加工和爆破作业的人员，应穿戴_____的衣物。

A. 防火　　　　　　B. 防水　　　　　　C. 防腐蚀　　　　　　D. 防静电

【考点】"八、爆破作业安全要求"。

23. 爆破装药现场不得用明火照明，在作业现场或硐室内应使用电压不高于_____的照明器材。

A. 12V　　　　　　B. 24V　　　　　　C. 36V　　　　　　D. 48V

【考点】"八、爆破作业安全要求"。

★24. 起爆信号应在_____时发出。

A. 爆破警戒范围内已开始清场工作　　　　B. 所有警戒人员到位

C. 具备了安全起爆条件　　　　　　　　　D. 人员全部撤离爆破警戒区

【考点】"八、爆破作业安全要求"。

第十二节　作业场所环境管理

本节的参考文献，除文中列出的之外，还有 GB/T 12801—2008《生产过程安全卫生要求总则》。

一、设备、管线、电缆配置和作业区组织

1. 设备布置的原则

（1）便于操作和维护。

（2）发生紧急情况时，便于人员的撤离。

（3）尽量避免生产装置之间危害因素的相互影响，减少对人员的综合作用。

（4）布置具有潜在危险的设备时，应根据有关规定进行分散和隔离。

（5）对振动、爆炸敏感的设备，应进行隔离或设置屏蔽、防护墙、减振设施等。

（6）设备的噪声超过有关标准规定时，应予以隔离。

（7）加热设备及反应釜等的作业孔、操纵器、观察孔等应有防护设施；作业区的热辐射强度不应超过《工业企业设计卫生标准》（GBZ 1）的规定。

2. 管线配置的原则

（1）各种管线的配置，应符合有关标准、规范要求。

（2）配置的管线，不应对人员造成危险，管线和管线系统的附件、控制装置等设施，应便于操作、检查和维修。

（3）危险、有害的液体、气体管线，不得穿过不使用这些物质的生产车间、仓库等区域，其地下管线上不得修建（构）筑物。

（4）管线系统的支撑和隔热应安全可靠，对热胀冷缩产生的应力和位移，应有预防措施。

（5）根据管线内输送介质的特性，管线上应按有关规定设置相应的排气、泄压、稳压、

缓冲、阻火、放液、接地等安全装置。

（6）对危险化学品管道的安全要求见本套书《安全生产法律法规》分册的第七章第十五节《危险化学品输送管道安全管理规定》"四、危险化学品管道的运行"。

3. 电缆配置的原则

配置电缆应符合有关标准和规定要求。

4. 作业区组织的原则

（1）作业区的布置应保证人员有足够的安全活动空间。设备、工机具、辅助设施的布置，生产物料、产品和剩余物料的堆放，人行道、车行道的布置和间隔距离，都不应妨碍人员工作和造成危害。

（2）作业区的生产物料、产品、半成品的堆放，应用黄色或白色标记在地面上标出存放范围，或设置支架、平台存放，保证人员安全，通道畅通。

（3）坐姿作业，应根据人员的生理特点和人机工程学要求配置操作台、座椅、脚踏板，以及存放生产物料、产品或工具的架、盘等。

（4）高处作业区堆放生产物料和工具，应严格控制数量，布置合理，保证人员便于作业和不发生人、物坠落。

（5）坑道等狭窄作业区，产品、设备和工具的布置，除保证人员便于作业外，还应留出安全通道。

二、生产厂房地面、车间安全通道

1. 生产厂房地面

（1）车间内地面应当使用防滑、坚固、不透水、耐腐蚀的无毒材料，地面应平整、无积水，保持清洁。

（2）地面上不得有临时电线、水管、压缩空气管线、边角料等。

（3）工业垃圾、废油、废水及废物应及时清理干净。

（4）为生产而设置的深大于 0.2m，宽大于 0.1m 的坑、壕、池应有防护栏或盖板，夜间应有照明。

2. 车间安全通道

（1）车间及作业区需规划人流、物流通道。安全通道的设置应避开危险区域和有毒有害区域。

（2）车间内通行叉车的道路宽度大于 1.8m，通行手推车道路宽度大于 1.5m，人行通道的宽度大于 1m。

（3）通道应通畅（不允许堆放杂物、不允许堵塞）、照明良好，不准出现"盲端"。

三、采光、照明和空气调节

1. 采光和照明

车间或工作地点应有充足的自然采光或人工照明。车间采光系数、加工场所工作面照度、工作场所的照明方式和照明种类应符合 GB/T 50033《建筑采光设计标准》的规定。

2. 空气调节

工作场所每名工人所占容积小于 $20m^3$ 的车间，应保证每人每小时不少于 $30m^3$ 的新鲜空气量；如所占容积为 $20\sim40m^3$ 时，应保证每人每小时不少于 $20m^3$ 的新鲜空气量。

四、物料摆放

（1）有序摆放：划分毛坯区，成品、工位器具区及废物垃圾区；工件顺序符合操作顺序，工位器具、工具、夹具要放在指定的部位，安全稳妥。

（2）限高：物料摆放不得超高，在垛底与垛高之比为 1:2 的前提下，垛高不超出 2m（单件超高除外、淀粉堆垛不超过 3 层）。

（3）垛的基础要牢固，不得产生下沉、歪斜或倾塌，垛之间的距离应方便吊运和清理。

（4）吨箱按指定位置存放，不得影响正常交通。

（5）生产作业现场不得存放危险化学品，暂时不使用的，必须放在专用的药品柜内或周转库房中，且不得混放，按特性配置相应的支架和箱柜。

（6）各种临时存放物要定点、定量存放，摆放整齐。

五、安全标识

1. 消防安全标识

执行 GB 13495《消防安全标志》的规定。如"禁止阻塞""灭火设备""灭火器"和"消防水带""室外消火栓""禁止烟火""禁止吸烟""禁止带火种""当心火灾——易燃物""当心火灾——氧化物""当心爆炸——爆炸性物质""火警电话"等标志。

2. 劳动防护标识

按 GB 2894—2008《安全标志及其使用导则》的要求设置安全标志。

产生粉尘的作业场所设置"注意防尘"警告标识和"戴防尘口罩"指令标识。

可能产生职业性灼伤和腐蚀的作业场所，设置"当心腐蚀"警告标识和"穿防护服""戴防护手套""穿防护鞋"等指令标识。

产生噪声的作业场所，设置"噪声有害"警告标识和"戴护耳器"指令标识。

高温作业场所，设置"注意高温""当心烫伤"警告标识。

可引起电光性眼炎的作业场所，设置"当心弧光"警告标识和"戴防护镜"指令标识。

3. 职业病危害警示标识

根据 GBZ 158《工作场所职业病危害警示标识》的规定，设置职业病危害警示标识。

4. 其他安全标识

在易燃、易爆、有毒有害等危险场所的醒目位置设置符合 GB 2894《安全标志及其使用导则》规定的安全标志。

在厂内道路设置限速、限高、禁行等标志。

在检维修、施工、吊装等作业现场设置警戒区域和安全标志，在检修现场的坑、井、洼、沟、陡坡等场所设置围栏和警示灯。

动力管线必须标识介质色标、流向。

5. 在建（构）筑物及设备上按 GB 2893—2008《安全色》的要求涂安全色。

六、防火防爆

（1）具有火灾爆炸危险的生产过程，应综合考虑防火防爆措施和报警系统，合理选择和配备消防设施。

（2）有可燃性气体和粉尘的作业场所，应采取避免产生火花的措施，应有良好的通风系统。通风空气不得循环使用。

（3）下列具有着火爆炸危险的工艺装置、设备和管线，必要时应根据介质特点设置惰性气体和蒸汽等置换和保护设施：

1）易燃固体物质的粉碎、研磨、筛分、混合以及粉状物的输送；

2）可燃气体混合物的生产和处理过程；

3）输送易燃液体；

4）有着火爆炸危险的装置、设备的停车检修处理。

（4）电缆应按有关规定采取阻火措施。

（5）在易于产生静电的场所，根据生产工艺的要求、作业环境特点和物料的性质应采取相应的消除静电措施。

对下列设备管线应作接地处理：生产、储存、装卸和输送液化石油气、可燃气体、易燃液体的设备和管道；用空气干燥、掺合、输送可燃的粉状塑料、树脂及其他易产生静电集聚的物料的厂房、设备和管道；在绝缘管线上配置的金属件等；其他需作接地处理的设备设施。

（6）重要的控制室、计算机房、技术档案室、配电间、贵重设备和仪器室等，应备有火灾自动报警装置，必要时设置自动灭火系统。

七、防尘防毒防窒息

（1）作业场所空气中化学物质浓度要符合 GBZ 2.1—2007《工作场所有害因素职业接触限值　第 1 部分：化学有害因素》规定的职业接触限值。其中，矽尘的时间加权平均容许浓度 PC–TWA（10%≤游离 SiO_2 含量≤50%）：总尘 1，呼尘 0.7；煤尘（游离 SiO_2 含量＜10%）的时间加权平均容许浓度：总尘 4，呼尘 2.5。（单位 mg/m^3）

（2）对毒物泄漏可能造成重大事故的设备，应有应急防护措施。

（3）对生产中难以避免的生产性粉尘，应采取有效的防护、除尘、净化等措施和监测装置。

（4）对生产中难以避免的生产性毒物，应加强监测，采取有效的通风、净化和个体防护措施。

八、防噪声

作业场所的物理因素要符合 GBZ 2.2《工作场所有害因素职业接触限值　第 2 部分：物理因素》规定的职业接触限值。其中，每周工作 5 天，每天工作 8h，稳态噪声限值为 85dB（A），非稳态噪声等效声级的限值为 85dB（A）。

具有生产性噪声车间应尽量远离其他非噪声作业车间、行政区和生活区。

噪声较大的设备应尽量将噪声源和操作人员隔开；工艺允许远距离控制的，可设置隔声操作（控制）室。

噪声超标处，应采取工程措施降低噪声强度，或佩戴有效的听力保护用具。

九、防辐射

按照《放射性同位素与射线装置安全和防护条例》（国务院令第 449 号）、《放射工作人员职业健康管理办法》（卫生部令第 55 号）、GB 8702—2014《电磁环境控制限值》等有关规定进行防护。

十、防作业环境气象异常

除工艺、作业、施工过程的特殊需要外，应防止气温、气压、气湿、气流对人员的不良作用。

根据生产特点，采取相应措施，保证车间和作业环境的气象条件符合防寒、防暑、防湿的要求。

根据寒暑季节和生产特点，对室外、野外作业，采取防寒保暖、防雨、防风、防雷电、防湿和防暑降温措施，并设置休息场所。

模 拟 试 题 及 考 点

★1. 生产车间设备的布置，应遵循的原则有_____。

A. 便于操作和维护

B. 发生紧急情况时，便于人员撤离

C. 利用生产装置之间危害因素的相互影响，减少对人员的综合作用

D. 对振动敏感的设备，进行隔离或设置屏蔽

【考点】"一、设备、管线、电缆配置和作业区组织"。

2. 某生产车间有一条架空穿过的易燃易爆气体的管线，而该车间不使用该气体，应当_____。

A. 在管线上设置符合 GB 2894《安全标志及其使用导则》规定的安全标志

B. 确保该管线与车间其他装置之间有足够的距离

C. 将该管线改为地下敷设

D. 移走该管线

【考点】"一、设备、管线、电缆配置和作业区组织"。

★3. 关于作业区的组织，下述中正确的是_____。

A. 作业区的布置应保证人员有足够的安全活动空间

B. 作业区的生产物料、产品、半成品的堆放，应用红色或黄色标记在地面上标出存放范围

C. 坐姿作业，应按人机工程学要求配置操作台、座椅、脚踏板

D. 高处作业区堆放生产物料和工具，数量不限，但布置要合理

【考点】"一、设备、管线、电缆配置和作业区组织"。

★4. 车间内地面使用的材料，应当_____。

A. 无毒　　　　　　　B. 防滑　　　　　　C. 透水　　　　　　D. 耐腐蚀

【考点】"二、生产厂房地面、车间安全通道"。

5. 车间内为生产而设置的_____坑、壕、池应有防护栏或盖板。

A. 深>0.1m，宽>0.1m　　　　　　　　B. 深>0.2m，宽>0.1m

C. 深>0.3m，宽>0.2m　　　　　　　　D. 深>0.4m，宽>0.2m

【考点】"二、生产厂房地面、车间安全通道"。

6. 车间内人行通道的宽度应大于_____m。

A. 1　　　　　　　　B. 1.2　　　　　　C. 1.5　　　　　　D. 1.8

【考点】"二、生产厂房地面、车间安全通道"。

7. 车间内物料摆放不得超高，在垛底与垛高之比为1:2的前提下，垛高不超出_____m（单件超高除外）。

A. 1　　　　　　　　B. 2　　　　　　　C. 3　　　　　　　D. 4

【考点】"四、物料摆放"。

8. "穿防护服"的标志应设置在_____的作业场所。

A. 产生粉尘　　　　　　　　　　　　B. 产生职业性腐蚀

C. 产生噪声　　　　　　　　　　　　D. 高温

【考点】"五、安全标识"。

★9. 在检修现场的坑、井、洼、沟等场所应设置_____。

A. 禁止阻塞的标识　　　　　　　　　B. 围栏

C. 听力保护的标识　　　　　　　　　D. 警示灯

【考点】"五、安全标识"。

★10. 下述中正确的是_____。

A. 有可燃性气体的作业场所，应有良好的通风系统

B. 易燃固体物质的粉碎及粉状物的输送，必要时充入氧气

C. 按有关规定对电缆采取阻火措施

D. 对输送不燃液体的设备和管道应作接地处理

E. 重要的控制室、贵重设备和仪器室等，应备有火灾自动报警装置

【考点】"六、防火防爆"。

第十三节　相关方安全监督管理

一、对承包方的安全监督管理

1. 资质和条件审查

（1）建筑施工承包方。

1）具备国家规定的注册资本、专业技术人员、技术装备和安全生产等条件，依法取得相应的资质等级证书，并在其资质等级许可的范围内承揽工程。

2）建设主管部门颁发的安全生产许可证。

3）近3年安全施工记录。

（2）特种设备安装、改造、维修承包方。

特种设备安装、改造、维修的承包方的资质，要符合《特种设备安全监察条例》的相关规定。

（3）运输承包方。

一般货物运输，要求提供车辆牌照、驾驶执照、营运证、年审证明。

危险化学品运输，要求提供危险货物道路运输许可证书（政府交通部门颁发）。

运输剧毒化学品的，要求托运人向运输始发地或者目的地县级人民政府公安机关申请的剧毒化学品道路运输通行证。

放射性同位素和射线装置运输，要求提供政府公安部门、卫生部门的许可证书。

发包单位复印资质和条件材料备案。

2. 对建筑施工承包方安全管理的基本要求

生产经营单位发包工程项目，应以生产经营单位名义进行，严禁以某一部门的名义进行发包。生产经营单位应明确发包工程归口管理部门，统一对承包方下述各项实施监督管理。

（1）规章制度和作业方案。

1）制定安全生产规章制度和安全操作规程。

2）编制作业方案，制订有关安全技术措施。

（2）人员安全资格和培训教育。

主要负责人、安全生产管理人员、特种作业人员必须具有符合《安全生产法》规定的资格证书。特种作业人员持证上岗。

各类人员培训教育的内容、培训时间要符合《生产经营单位安全培训规定》的规定。

各工种人员健康状况等符合要求，无职业禁忌症。

（3）设备设施、工器具、安全防护设施满足安全施工要求。涉及定期检验的设备及工器具、计量仪表，由具有检验资质部门出具的合格的检验报告。

（4）劳动防护用品。

配发符合国家有关规定的劳动防护用品。

（5）危险作业和作业场所。

从事危险作业要履行审批手续，危险作业和作业场所的安全管理要执行甲方的相关制度和规定。

（6）工伤保险。

承包方为其作业人员办理工伤保险。

3. 安全协议

发包单位、承包商应依法签订工程合同，签订安全协议或者在合同中约定各自的安全生产管理职责。

建筑施工安全协议的主要内容：

（1）双方的安全生产职责。

（2）承包商制定的确保施工安全的组织措施、安全措施和技术措施。

（3）有关事故报告、调查、统计、责任划分的规定。

（4）发包单位对现场安全管理实施奖惩的有关规定。

（5）本节"2.对建筑施工承包方安全管理的基本要求"中的相关内容。

（6）禁止性规定。禁止承包单位转包其承揽的外包工程。禁止分项承包单位将其承揽的外包工程再次分包。禁止承包单位以转让、出租、出借资质证书等方式允许他人以本单位的名义承揽工程。

（7）承包商在施工过程中不得擅自更换工程技术管理人员、安全管理人员以及关系到施工安全及质量的人员，特殊情况需要换人时须征得发包单位的同意。

4. 建筑施工现场安全管理要求

（1）工程开工前发包单位对承包方负责人、工程技术人员进行全面的安全技术交底，并应有完整的记录。

（2）在有危险的生产区域内作业，有可能造成严重事故的，发包单位要求承包方做好作业安全风险分析，并制订安全措施，经生产经营单位审核批准后，监督承包方实施。

（3）在承包商队伍进入作业现场前，在承包商教育培训的基础上对承包商管理人员和工程技术人员、工人进行安全教育培训和考试。所有教育培训和考试完成后，办理准入手续，凭证件出入现场。证件上应有本人近期免冠照片和姓名、承包商名称、准入的现场区域等信息。

（4）生产经营单位协助做好办理开工手续等工作，承包商取得经批准的开工手续后方可开始施工。

（5）发包单位、承包商安全管理人员，应经常深入现场，检查指导安全施工，要随时对施工安全进行监督，发现有违反安全规章制度的情况，及时纠正，并按规定给予惩处。

（6）同一工程项目或同一施工场所有多个承包商施工的，生产经营单位对各承包商的安全生产工作统一协调、管理。

（7）承包商施工队伍严重违章作业，导致严重影响安全生产的后果，生产经营单位可以要求承包商进行停工整顿，并有权决定终止合同的执行。

二、对供应商的安全监督管理

1. 危险化学品采购

（1）危险化学品供应商必须具有生产许可证或经营许可证，采购部门复印存档。

（2）外购危险化学品（包括有毒物品）时，必须事先要求供应商提供危险化学品的 MSDS（安全技术说明书）及安全标签，MSDS 及安全标签必须符合国家标准的要求。产品包装应当有醒目的警示标识和中文警示说明。供应商还应提供运输、储存条件等信息，采购部门复印存档。采购部门将外购危险化学品的 MSDS 发送到运输、储存、使用单位。

（3）签订派送、装卸、包装物废弃物回收协议。

2. 消防器材采购

审查消防器材供应商的资质证书、营业执照、生产许可证、产品合格证，并复印存档。

3. 特种劳动防护用品采购

审查特种劳动防护用品供应商的生产许可证、产品合格证、安全鉴定证或产品检验报告，并复印存档。不得采购没有安全标志的特种劳动防护用品。

4. 特种设备采购

所采购的特种设备，必须附有符合特种设备安全技术规范要求的设计文件、产品质量合格证明、安装及使用维修说明、监督检验证明等文件。

三、对劳务派遣人员的管理

按公司内部职工进行管理。

四、对外来人员的管理

外来人员包括来企业考察、参观、学习、实习人员，咨询和审核人员，上级检查（指导）人员，用户以及供货方人员等。

进入生产区的外来人员，要办理准入审批，并佩戴劳动防护用品。

接待部门向外来人员告知本企业的安全规定，介绍有关风险和安全要求。

外来人员进入作业现场应由企业人员陪同和监护，要求他们服从陪同人员的指挥，不得自行活动。

五、租赁安全

（1）出租单位审查承租人的合法有效证件。涉及危险化学品和特种设备的，承租人要分别符合《危险化学品安全管理条例》和《特种设备安全监察条例》规定的资质条件，具有相应的资质证书。

（2）出租单位对承租人的基本情况进行登记，必要时，向公安派出所备案。

（3）出租单位与承租人签订租赁合同，租赁合同中明确规定双方的安全生产责任；或签订专门的安全协议。

（4）合同或安全协议要规定消防、电气、仓储、防盗等方面的具体安全要求。

（5）出租单位定期对承租人的活动和场所进行安全检查，及时发现和排除安全隐患。

模 拟 试 题 及 考 点

★1. 生产经营单位发包工程项目，在签订合同前，要审查建筑施工承包方_____。

A. 是否具备国家规定的注册资本

B. 是否具备国家规定的专业技术人员、技术装备

C. 是否取得建设部门颁发的安全生产许可证

D. 是否依法取得相应的资质等级证书

E. 近3年安全施工记录

【考点】"一、对承包方的安全监督管理"。

★2. 关于发包单位对建筑施工承包方的安全监督管理，下述中正确的是_____。

A. 在承包合同或签订的安全协议中明确双方的安全生产职责

B. 如果承包方转包其承揽的外包工程，必须与下级承包方签订合同，并将合同在发包单位备案

C. 发包单位要求并监督承包方的设备设施、安全防护设施符合国家相关标准并满足安全施工要求

D. 承包方更换工程技术管理人员，需通知发包单位

E. 发包单位要求承包方为其在施工现场从事危险作业的人员办理工伤保险

【考点】"一、对承包方的安全监督管理"。

3. 工程开工前，生产经营单位应对承包方负责人、工程技术人员进行全面的_____并应有完整的记录。

A. 作业安全风险分析　　　　　　　B. 作业安全风险告知

C. 安全技术培训　　　　　　　　　D. 安全技术交底

【考点】"一、对承包方的安全监督管理"。

4. 在有危险的生产区域内作业有可能造成严重事故的，生产经营单位应要求承包方做好_____并制订安全措施，经生产经营单位审核批准后，监督承包方实施。

A. 作业安全风险分析　　　　　　　B. 作业安全风险告知

C. 技术交底　　　　　　　　　　　D. 安全技术交底

【考点】"一、对承包方的安全监督管理"。

5. 采购危险化学品之前，采购单位审查供应商的_____，要求供应商提供危险化学品的_____。

A. 生产许可证，安全技术说明书

B. 经营许可证，安全标签

C. 生产许可证或经营许可证，安全技术说明书及安全标签

D. 生产许可证和经营许可证，安全技术说明书或安全标签

【考点】"二、对供应商的安全监督管理"。

6. 采购单位不得采购没有_____的特种劳动防护用品。

A. 安全标志   B. 安全标识   C. 安全标签   D. 安全技术说明书

【考点】"二、对供应商的安全监督管理"。

★7. 出租单位与从事货物存储的承租人签订的租赁合同或安全协议中，应明确规定_____等方面的具体安全要求。

A. 消防   B. 电气   C. 仓储   D. 装卸

【考点】"五、租赁安全"。

第十四节　安全生产检查与隐患排查治理

一、安全生产检查的类型

1. 定期安全生产检查

定期安全生产检查一般是通过有计划、有组织、有目的的形式来实现，一般由生产经营单位统一组织实施。检查周期的确定，应根据生产经营单位的规模、性质以及地区气候、地理环境等确定。

2. 经常性安全生产检查

经常性安全生产检查是由生产经营单位的安全生产管理部门、车间、班组或岗位组织进行的日常检查。一般来讲，包括交接班检查、班中检查、特殊检查等几种形式。

3. 季节性及节假日前后安全生产检查

季节性检查由生产经营单位统一组织，检查内容和范围则根据季节变化，按事故发生的规律对易发的潜在危险，突出重点进行检查，如冬季防冻保温、防火、防煤气中毒，夏季防暑降温、防汛、防雷电等检查。

4. 专业（项）安全生产检查

专业（项）安全生产检查是对某个专业（项）问题或在施工（生产）中存在的普遍性安全问题进行的单项定性或定量检查。如对危险性较大的在用设备、设施，作业场所环境条件的管理性或监督性定量检测检验属专业（项）安全检查。

专业（项）检查具有较强的针对性和专业要求，用于检查难度较大的项目。

5. 综合性安全生产检查

综合性安全生产检查一般是由上级主管部门或地方政府负有安全生产监督管理职责的部门，组织对生产经营单位进行的安全检查。

6. 职工代表不定期对安全生产的巡查

二、安全生产检查的内容

安全生产检查的内容包括软件系统和硬件系统。软件系统主要是查思想、查意识、查制度、查管理、查事故处理、查隐患、查整改。硬件系统主要是查生产设备、查辅助设施、查安全设施、查作业环境。检查具体内容应本着突出重点的原则进行确定。

三、安全生产检查的方法

1. 常规检查

通常是由安全管理人员作为检查工作的主体，到作业场所现场，通过感观或辅助一定的简单工具、仪表等，对作业人员的行为、作业场所的环境条件、生产设备设施等进行的定性检查。通过这一手段，及时发现现场存在的安全隐患并采取措施予以消除，纠正施工人员的不安全行为。

常规检查主要依靠安全检查人员的经验和能力，检查的结果直接受安全检查人员个人素质的影响。

2. 安全检查表法

为使安全检查工作更加规范，将个人的行为对检查结果的影响减少到最小，常采用安全检查表法。安全检查表一般由工作小组讨论制定。安全检查表一般包括检查项目、检查内容、检查标准、检查结果及评价等内容。

编制安全检查表应依据国家有关法律法规，生产经营单位现行有效的有关标准、规程、管理制度，有关事故教训，生产经营单位安全管理文化、理念，反事故技术措施和安全措施计划，季节性、地理、气候特点等等。

3. 仪器检查及数据分析法

有些生产经营单位的设备、系统运行数据具有在线监视和记录的系统设计，对设备、系统的运行状况可通过对数据的变化趋势进行分析得出结论。对没有在线数据检测系统的机器、设备、系统，只能通过仪器检查法来进行定量化的检验与测量。

四、安全生产检查的工作程序

1. 安全检查准备

（1）确定检查对象、目的、任务。

（2）查阅、掌握有关法规、标准、规程的要求。

（3）了解检查对象的工艺流程、生产情况、可能出现危险和危害的情况。

（4）制订检查计划，安排检查内容、方法、步骤。

（5）编写安全检查表或检查提纲。

（6）准备必要的检测工具、仪器、书写表格或记录本。

（7）挑选和训练检查人员并进行必要的分工等。

2. 实施安全检查

（1）访谈。

（2）查阅文件和记录。

（3）现场观察。

（4）仪器测量。

3. 综合分析

经现场检查和数据分析后，检查人员应对检查情况进行综合分析，提出检查的结论和意见。一般来讲，生产经营单位自行组织的各类安全检查，应有安全管理部门会同有关部门对检查结果进行综合分析。

五、隐患排查治理

1. 隐患分级与分类

（1）隐患分级。

一般事故隐患：危害和整改难度较小，发现后能够立即整改排除的隐患。

重大事故隐患：危害和整改难度较大，无法立即整改排除，需要全部或者局部停产停业，并经过一定时间整改治理方能排除的隐患，或者因外部因素影响致使生产经营单位自身难以排除的隐患。

以下情形为重大事故隐患：

1）违反法律、法规有关规定，整改时间长或可能造成较严重危害的；

2）涉及重大危险源的；

3）具有中毒、爆炸、火灾等危险的场所，作业人员在 10 人以上的；

4）危害程度和整改难度较大，一定时间内得不到整改的；

5）因外部因素影响致使生产经营单位自身难以排除的；

6）设区的市级以上负有安全监管职责部门认定的。

（2）隐患分类。

1）生产现场类隐患。

以下方面存在的问题或缺陷：

① 设备设施；

② 场所环境；

③ 从业人员操作行为；

④ 消防及应急设施；

⑤ 供配电设施；

⑥ 职业卫生防护设施；

⑦ 辅助动力系统；

⑧ 现场其他方面。

2）基础管理类隐患。

以下方面存在的问题或缺陷：

① 生产经营单位资质证照；

② 安全生产管理机构及人员；

③ 安全生产责任制；

④ 安全生产管理制度；

⑤ 教育培训；

⑥ 安全生产管理档案；

⑦ 安全生产投入；

⑧ 应急管理；

⑨ 职业卫生基础管理；

⑩ 相关方安全管理；

⑪ 基础管理其他方面。

2. 编制排查项目清单和排查计划

（1）排查项目清单。

以各类风险点为基本单元，依据风险分级管控体系中各风险点的控制措施和标准、规程要求编制生产现场类隐患排查项目清单。

以各类基础管理项目为基本单元，依据有关法律、法规、技术标准、规程要求编制基础管理类隐患排查项目清单。

两类清单都包括的内容：排查内容与排查标准、排查类型、排查周期、组织级别等。

生产现场类清单还包括排查范围（风险点），基础管理类清单还包括排查项目。

（2）制定排查计划。

明确各类型隐患排查的排查时间、排查目的、排查要求、排查范围、组织级别及排查人员等。

（3）隐患排查。

1）排查类型、组织级别、排查周期见表 2-7。

表 2-7　　　　　　　　　排查类型、组织级别、排查周期

排查类型	含义	组织级别	排查周期
日常隐患排查	班组、岗位员工的交接班检查和班中巡回检查，以及基层单位负责人和专业技术人员的经常性检查	班组级、岗位级	根据风险分级管控相关内容和企业实际情况确定
综合性隐患排查	以安全责任制、各项专业管理制度和安全生产管理制度落实情况为重点，各有关专业和部门共同参与的全面排查	公司级、车间级	公司级至少每季度一次；基层单位（车间）至少每月一次
专业或专项隐患排查	专业：对工艺、设备、电气、自控仪表、建筑结构、消防与公辅等	部门级，按照专业类别划分	至少每半年一次 情况发生重要变化时，及时组织进行相关专项排查
	专项：对危险作业所涉及的场所、环境、人员、设备设施和所有作业及管理活动	公司级、部门级、车间级，按照专业类别及职责划分	
	专项：在连续运行装置开停车前、新装置竣工及试运行等时期	公司级、部门级、车间级，按照职责分工	
季节性排查	春夏秋冬各有侧重点	公司级、部门级、车间级	至少每季度一次
节假日隐患排查	节前：安全、保卫、消防、生产准备、备用设备、应急预案等 节日期间：各级管理人员、检修队伍的值班安排和安全措施、原辅料、备品备件、应急预案及物资的落实情况等	公司级、部门级、车间级	在重大活动及节假日前进行一次

排查类型还有：

专家诊断性检查，指技术力量不足或安全生产管理经验欠缺的企业委托安全生产专家排查隐患；

事故类比隐患排查是对企业内或同类企业发生事故后的举一反三的安全排查。

2）排查要求。

隐患排查应做到全面覆盖、责任到人，定期排查与日常管理相结合，专业排查与综合排查相结合，一般排查与重点排查相结合。

3）排查项目和结果记录。

实施隐患排查前，在排查项目清单中确定具体排查项目。

组织部门和单位负责记录，生产现场类隐患宜保留影像记录。

（4）隐患治理。

1）隐患治理要求。

分级治理、分类实施，包括岗位纠正、班组治理、车间治理、部门治理、公司治理等。

隐患治理要保证整改措施、责任、资金、时限和预案"五到位"。

2）隐患治理流程。

① 通报隐患信息；

② 下发隐患整改通知；

③ 实施隐患治理；

④ 治理情况反馈（反馈至隐患整改通知下发部门）；

⑤ 验收（隐患排查组织部门）。

3）一般隐患治理。

由企业各级（公司、部门、车间、班组等）负责人或者有关人员负责组织整改。能够立即整改的应立即组织整改，整改情况要安排专人进行确认；难以立即排除的应及时进行分析，制定整改措施并限期整改。

4）重大隐患治理。

① 隐患评估。

企业应当及时组织评估，并编制事故隐患评估报告书。评估报告书应包括隐患的类别、影响范围和风险程度以及对事故隐患的监控措施、治理方式、治理期限的建议等内容。

② 治理方案。

企业应根据评估报告书制定重大事故隐患治理方案，并将治理方案报告给当地县（市、区）人民政府负有安全生产监督管理职责的部门。治理方案应当包括下列主要内容：

治理的目标和任务；

采取的方法和措施；

经费和物资的落实；

负责治理的机构和人员；

治理的时限和要求；

防止整改期间发生事故的安全措施。

③ 治理实施。

企业应当按照隐患整改通知和治理方案对重大事故隐患进行治理，治理资金从安全费用支出，治理时，应当采取严密的防范、监控措施，防止事故发生。重大事故隐患治理前或者治理过程中，无法保证生产安全的，工贸企业应当暂时停产、停业或者停止使用。

④ 隐患治理验收。

隐患治理完成后，应根据隐患级别组织相关人员对治理情况进行验收并出具验收意见，实现闭环管理，并建立隐患排查治理台账。

重大事故隐患治理工作结束后，企业应组织对治理情况进行复查评估，并将治理结果向当地县（市、区）人民政府负有安全生产监督管理职责的部门报告。

模 拟 试 题 及 考 点

★1. 一般来说，由生产经营单位统一组织的安全生产检查的类型有_____。

A. 定期安全生产检查　　　　　　　　B. 经常性安全生产检查

C. 季节性及节假日前后安全生产检查　　D. 专业（项）安全生产检查

E. 综合性安全生产检查

【考点】"一、安全生产检查的类型"。

2. 对塔吊进行定期的安全检查属于_____。

A. 定期安全生产检查　　　　　　　　B. 经常性安全生产检查

C. 季节性及节假日前后安全生产检查　　D. 专业（项）安全生产检查

E. 综合性安全生产检查

【考点】"一、安全生产检查的类型"。

★3. 生产经营单位编制安全检查表应依据_____。

A. 国家有关安全生产法律法规

B. 生产经营单位现行有效的安全生产管理制度

C. 生产经营单位经济技术实力

D. 生产经营单位有关事故教训

E. 生产经营单位的地理、气候特点对安全生产的影响

【考点】"三、安全生产检查的方法"。

4. 在下列安全生产检查方法中，能发现机器、设备内部的缺陷及作业环境条件的真实信息或定量数据的方法是_____。

A. 常规检查法　　　B. 安全检查表法　　　C. 仪器检查法

【考点】"三、安全生产检查的方法"。

5. 在下列安全生产检查方法中，检查结果受检查人员个人素质影响最大的方法是_____。

A. 常规检查法　　　B. 安全检查表法　　　C. 仪器检查法

【考点】"三、安全生产检查的方法"。

★6. 生产经营单位安全生产检查的工作程序包括_____。

A. 检查准备　　　　　　　　　B. 实施安全检查

C. 综合分析　　　　　　　　　D. 整改验证

【考点】"四、安全生产检查的工作程序"。

7. 安全生产检查准备阶段应该完成的事项中，不包括_____。

A. 确定检查对象，掌握有关法规标准

B. 对作业现场有关人员进行访谈

C. 了解检查对象的危险因素

D. 制定检查计划，编写安全检查表或检查提纲

【考点】"四、安全生产检查的工作程序"。

8. 实施安全检查以获得相关信息的方式不包括_____。

A. 访谈　　　　　　　　　　　B. 查阅文件和记录

C. 现场观察　　　　　　　　　D. 专题论证

E. 仪器测量

【考点】"四、安全生产检查的工作程序"。

9. _____的隐患不是重大事故隐患。

A. 可能造成较严重危害

B. 虽需全部停产，但短时间内整改可排除

C. 虽仅需局部停产，但经过一定时间整改方能排除

D. 因外部因素影响致使企业自身难以排除

【考点】"五、隐患排查治理"。

10. _____方面的隐患属于基础管理类隐患。

A. 从业人员操作行为

B. 相关方安全管理

C. 设备设施

D. 职业卫生防护设施

【考点】"五、隐患排查治理"。

11. 专项隐患排查的组织级别是_____，排查周期是至少每_____一次。

A. 部门级，半年

B. 公司级，车间级，季度

C. 公司级、部门级、车间级，半年

D. 公司级、部门级、车间级，年

【考点】"五、隐患排查治理"。

12. 隐患治理要保证"五到位"，其中不包括_____到位。

A. 整改措施

B. 整改责任

C. 整改资金

D. 整改验收

E. 整改时限

【考点】"五、隐患排查治理"。

13. 重大事故隐患治理方案的主要内容不包括_____。

A. 采取的方法和措施

B. 经费和物资的落实

C. 治理的必要性和意义

D. 治理的时限和要求

E. 防止整改期间发生事故的安全措施

【考点】"五、隐患排查治理"。

第十五节　企业安全文化

一、企业安全文化的定义及功能

定义：被企业组织的员工群体所共享的安全价值观、态度、道德和行为规范组成的统一体。

功能：导向功能，凝聚功能，激励功能，辐射和同化功能。

二、企业安全文化建设的总体要求

企业在安全文化建设过程中，应充分考虑自身内部的和外部的文化特征，引导全体员工的安全态度和安全行为，实现在法律和政府监管要求基础上的安全自我约束，通过全员参与实现企业安全生产水平持续提高。

三、企业安全文化建设基本要素

1. 安全承诺

企业应建立包括安全价值观、安全愿景、安全使命和安全目标等在内的安全承诺。

企业的领导者应对安全承诺做出有形的表率。

企业的各级管理者应对安全承诺的实施起到示范和推进作用。

企业的员工应充分理解和接受企业的安全承诺，并结合岗位工作任务实践这种安全承诺。

企业应将自己的安全承诺传达到相关方。

2. 行为规范与程序

企业内部的行为规范是企业安全承诺的具体体现和安全文化建设的基础要求。企业应确保拥有能够达到和维持安全绩效的管理系统，建立清晰界定的组织结构和安全职责体系，有效控制全体员工的行为。

程序是行为规范的重要组成部分。企业应建立必要的程序，以实现对与安全相关的所有活动进行有效控制的目的。

3. 安全行为激励

企业在审查和评估自身安全绩效时，除使用事故发生率等消极指标外，还应使用旨在对安全绩效给予直接认可的积极指标。

员工应该受到鼓励，在任何时间和地点，挑战所遇到的潜在不安全实践，并识别所存在的安全缺陷。对员工所识别的安全缺陷，企业应给予及时处理和反馈。

企业宜建立员工安全绩效评估系统，应建立将安全绩效与工作业绩相结合的奖励制度。审慎对待员工的差错，应避免过多关注错误本身，而应以吸取经验教训为目的。应仔细权衡惩罚措施，避免因处罚而导致员工隐瞒错误。

企业宜在组织内部树立安全榜样或典范，发挥安全行为和安全态度的示范作用。

4. 安全信息传播与沟通

企业应：

（1）建立安全信息传播系统，综合利用各种传播途径和方式，提高传播效果。

（2）优化安全信息的传播内容，将组织内部有关安全的经验、实践和概念作为传播内容的组成部分。

（3）就安全事项建立良好的沟通程序，确保企业与政府监管机构和相关方、各级管理者与员工、员工相互之间的沟通。

5. 自主学习与改进

企业应：

（1）建立有效的安全学习模式，实现动态发展的安全学习过程，保证安全绩效的持续改进。

（2）建立正式的岗位适任资格评估和培训系统，确保全体员工充分胜任所承担的工作。

（3）将与安全相关的任何事件，尤其是人员失误或组织错误事件，当作能够从中汲取经验教训的宝贵机会与信息资源，从而改进行为规范和程序，获得新的知识和能力。

（4）鼓励员工对安全问题予以关注，进行团队协作，利用既有知识和能力，辨识和分析可供改进的机会，对改进措施提出建议，并在可控条件下授权员工自主改进。

经验教训、改进机会和改进过程的信息宜编写到企业内部培训课程或宣传教育活动的内容中，使员工广泛知晓。

6. 安全事务参与

全体员工都应认识到自己负有对自身和同事安全做出贡献的重要责任。员工对安全事务的参与是落实这种责任的最佳途径。

员工参与的方式可包括但不局限于以下类型：

（1）建立在信任和免责备基础上的微小差错员工报告机制；

（2）成立员工安全改进小组，给予必要的授权、辅导和交流；

（3）定期召开有员工代表参加的安全会议，讨论安全绩效和改进行动；

（4）开展岗位风险预见性分析和不安全行为或不安全状态的自查自评活动。

企业应根据自身的特点和需要确定员工参与的形式。

企业应建立让承包商参与安全事务和改进过程的机制，包括：

（1）应将与承包商有关的政策纳入安全文化建设的范畴；

（2）应加强与承包商的沟通和交流，必要时给予培训，使承包商清楚企业的要求和标准；

（3）应让承包商参与工作准备、风险分析和经验反馈等活动；

（4）倾听承包商对企业生产经营过程中所存在的安全改进机会的意见。

7. 审核与评估

企业应对自身安全文化建设情况进行定期的全面审核。

在安全文化建设过程中及审核时，应采用有效的安全文化评估方法，关注安全绩效下滑的前兆，给予及时的控制和改进。

四、安全文化建设的操作步骤

（1）建立机构。

（2）制定规划。

（3）培训骨干。

（4）宣传教育。

（5）努力实践。

五、企业安全文化建设评价

安全文化评价的目的是为了解企业安全文化现状或企业安全文化建设效果而采取的系统化测评行为，并得出定性或定量的分析结论。

1. 评价指标

（1）基础特征：企业状态特征、企业文化特征、企业形象特征、企业员工特征、企业技术特征、监管环境、经营环境、文化环境。

（2）安全承诺：安全承诺内容、安全承诺表述、安全承诺传播、安全承诺认同。

（3）安全管理：安全权责、管理机构、制度执行、管理效果。

（4）安全环境：安全指引、安全防护、环境感受。

（5）安全培训与学习：重要性体现、充分性体现、有效性体现。

（6）安全信息传播：信息资源、信息系统、效能体现。

（7）安全行为激励：激励机制、激励方式、激励效果。

（8）安全事务参与：安全会议与活动、安全报告、安全建议、沟通交流。

（9）决策层行为：公开承诺、责任履行、自我完善。

（10）管理层行为：责任履行、指导下属、自我完善。

（11）员工层行为：安全态度、知识技能、行为习惯、团队合作。

2. 减分指标

死亡事故、重伤事故、违章记录。

3. 评价程序

（1）建立评价组织机构与评价实施机构。

（2）制定评价工作实施方案。

（3）下达《评价通知》。

（4）调研、收集与核实基础资料。

（5）数据统计分析。

（6）撰写评价报告。

（7）反馈企业征求意见。

（8）提交评价报告。

（9）进行评价工作总结。

模 拟 试 题 及 考 点

1. 企业安全文化是被企业组织的员工群体所共享的安全_____、态度、道德和_____组成的统一体。

A. 哲学，行为规范　　　　　　　　　B. 价值观，行为规范

C. 哲学，行为方式　　　　　　　　　D. 价值观，行为特性

【考点】"一、企业安全文化的定义及功能"。

2. 企业安全文化所提出的价值观向员工展示了工作的意义，员工在理解了工作的意义后，会产生更大的工作动力。这是企业安全文化的_____功能。

A. 导向　　　　B. 激励　　　　C. 凝聚　　　　D. 辐射和同化

【考点】"一、企业安全文化的定义及功能"。

3. 企业安全文化形成后，会对周围群体产生强大的影响作用。企业安全文化还会使企业保持稳定的、独特的风格和活力，使一批又一批新来者接受这种文化并继续保持与传播。这是企业安全文化的_____功能。

A. 导向　　　　　　　　　　　　　　B. 激励

C. 凝聚　　　　　　　　　　　　　　D. 辐射和同化

【考点】"一、企业安全文化的定义及功能"。

4. 某企业在安全文化建设中，提出"三不伤害"原则，建立相应的机制以促使"三不伤害"原则落实到每个岗位，做到"各人自扫门前雪，还管他人瓦上霜"，取得较好效果。这主要发挥了企业安全文化功能中的_____功能。

A. 导向　　　　　　　　　　　　　　B. 激励

C. 凝聚　　　　　　　　　　　　　　D. 辐射和同化

【考点】"一、企业安全文化的定义及功能"。

5. 企业安全文化建设的总体要求是：在安全文化建设过程中，充分考虑自身内部的和外部的文化特征，引导全体员工的_____，实现_____，通过全员参与实现企业安全生产

水平持续进步。

A. 安全承诺和安全态度，安全使命　　　B. 安全态度和安全行为，安全绩效

C. 安全承诺和安全态度，安全目标　　　D. 安全态度和安全行为，安全自我约束

【考点】"二、企业安全文化建设的总体要求"。

6. 下列不属于企业安全文化建设基本要素的是_____。

A. 安全承诺　　　　　　　　　　　B. 行为规范与程序

C. 安全事务参与　　　　　　　　　D. 政府监督管理

E. 安全信息传播与沟通

【考点】"三、企业安全文化建设基本要素"。

★7. 企业应建立的安全承诺包括_____等内容。

A. 安全价值观　　　B. 安全愿景　　　C. 安全行为激励　　　D. 安全目标

E. 安全使命

【考点】"三、企业安全文化建设基本要素"。

★8. 企业应就安全事项建立良好的沟通程序，确保_____之间的有效沟通。

A. 企业与政府监管机构　　　　　　B. 企业与其相关方

C. 各级管理者与员工　　　　　　　D. 企业各相关部门

E. 员工相互

【考点】"三、企业安全文化建设基本要素"。

9. 全体员工都应认识到自己负有对自身和同事安全做出贡献的重要责任。员工对安全事务的_____是落实这种责任的最佳途径。

A. 沟通　　　　　　B. 参与　　　　　　C. 学习　　　　　　D. 实践

【考点】"三、企业安全文化建设基本要素"。

10. 企业安全文化建设的操作步骤是_____。

A. 制定规划，培训骨干，建立机构，宣传教育，努力实践

B. 建立机构，制定规划，培训骨干，宣传教育，努力实践

C. 宣传教育，制定规划，建立机构，培训骨干，努力实践

D. 努力实践，宣传教育，建立机构，制定规划，培训骨干

【考点】"四、安全文化建设的操作步骤"。

11. 安全文化评价的目的是为了了解_____而采取的系统化测评行为，并得出定性或定量的分析结论。

A. 企业安全文化现状

B. 企业安全文化建设效果

C. 企业安全文化现状或企业安全文化建设效果

D. 企业安全文化建设规划及效果

【考点】"五、企业安全文化建设评价"。

12. AQ/T 9005—2008《企业安全文化建设评价准则》设立的企业安全文化建设一级评价指标有_____个。

A. 9　　　　　　　B. 11　　　　　　　C. 16　　　　　　　D. 20

【考点】"五、企业安全文化建设评价"。

第三章

安全生产监管监察

第一节 安全生产监督管理

一、安全生产监督管理体制和原则

实行综合监管与行业监管相结合、国家监察与地方监管相结合、政府监督与其他监督相结合的管理体制。

1. 综合监管与行业监管相结合

综合监管：由国家安全生产监督管理部门对全国实施；

行业监管：由公安、交通、铁道、民航、水利、电监、建设、国防科技、邮政、信息产业、旅游、质检、环保等国务院有关部门分别对所辖行业和领域实施，在这些行业和领域，国家安全生产监督管理部门仅从综合监督管理全国安全生产工作的角度予以指导、协调和监督。

2. 国家监察与地方监管相结合

指中央设立垂直管理的监察机构，但又赋予地方政府有关部门一定的监督管理职责，以弥补国家监察的不足，如煤矿监察、交通部门水上安全监察等。

3. 政府监督与其他监督相结合

政府监督部门主要有：安全生产监督管理部门和其他负有安全生产监督管理职责的部门，监察部门。

其他监督主要有：安全中介机构、社会公众、工会、新闻媒体、居委会、村委会的监督作用。

4. 安全生产监督管理的基本特征

（1）权威性。

（2）强制性。

（3）普遍约束性。

5. 我国安全生产监督管理的基本原则

（1）有法必依、执法必严、违法必究。

（2）以事实为依据，以法律为准绳。

（3）预防为主。

（4）行为监察与技术监察相结合。

（5）监察与服务相结合。

（6）教育与惩罚相结合。

二、安全生产监督管理人员的职责

（1）宣传安全生产法律、法规和国家有关方针和政策。

（2）监督检查生产经营单位执行安全生产法律、法规的情况。

（3）严格履行有关行政许可的审查工作。

（4）依法处理安全生产违法行为，实施行政处罚。

（5）正确处理事故隐患，防止事故发生。

（6）依法处理不符合法律、法规和标准的有关设备、设施和器材。

（7）接受行政监察机关的监督。

（8）及时报告事故。

（9）参加安全事故应急救援和事故调查处理。

（10）忠于职守，坚持原则，秉公执法。

（11）法律、行政法规规定的其他职责。

三、安全生产监督管理的程序、方式与内容

1. 安全生产监督管理程序

（1）对作业场所监督检查的程序。

1）监督检查前的准备：召开有关会议，通知生产经营单位等。

2）监督检查用人单位执行安全生产法律、法规及标准的情况。检查有关许可证的持证情况，有关会议记录，安全生产管理机构及安全管理人员配置情况，安全投入，安全费用提取等。

3）作业现场检查。

4）提出意见或建议：与被检查单位交换意见，提出查出的问题，提出整改意见。

5）发出《整改指令书》《处罚决定书》。

（2）颁发管理有关安全生产事项的许可的程序。

1）申请：申请人向安全生产许可证颁发管理机关提交申请书、文件、资料。

2）受理：许可证颁发管理机关按有关规定受理；不予受理的应及时告知申请人；申请材料存在错误的允许或者要求申请人当场更正；申请材料不齐全或者不符合要求的，应当当场或者在规定时间内告知申请人需要补正的全部内容。

3）征求意见：根据需要，按照有关规定听取有关单位和人员的意见，有些还要向社会公开，征求社会的意见。

4）审查和调查：许可证颁发管理机关指派有关人员对申请材料和安全生产条件（包括现场）进行审查；提出审查意见。

5）做出决定：许可证颁发管理机关对审查意见进行讨论，并在受理申请之日起规定的时间内做出颁发或者不予颁发安全生产许可证的决定。

6）送达：对决定颁发的，许可证颁发管理机关应当自决定之日起在规定的时间内送达或者通知申请人领取安全生产许可证；对决定不予颁发的，应当在规定时间内书面通知申请人并说明理由。

2. 安全生产监督管理的方式

（1）事前的监督管理。有关安全生产许可事项的审批，包括安全生产许可证、经营许可证、矿长资格证、生产经营单位主要负责人安全资格证、安全管理人员安全资格证、特种作业人员操作资格证等。

（2）事中的监督管理。主要是日常的监督检查、安全大检查、重点行业和领域的专项整治、许可证的监督检查等。作业场所的监督检查主要有两种：

1）行为监察：即监督检查生产经营单位安全生产的组织管理、规章制度建设、职工教育培训、各级安全生产责任制的实施等工作。

2）技术监察：即监督检查生产经营单位安全生产的物质技术条件，包括建设项目"三同时"、设备设施、安全防护装置、个人防护用品、特种设备和特种作业等。

（3）事后的监督管理。事故发生后的应急救援和事故调查处理等。

3. 安全生产监督管理的内容

（1）安全管理和安全技术。

（2）机构和安全教育培训。

（3）隐患治理。

（4）伤亡事故管理。

（5）职业危害管理。

（6）对女职工和未成年工特殊保护。

（7）行政许可。

模 拟 试 题 及 考 点

1. 我国安全生产监督管理体制不包括_____。

A. 综合监管与行业监管相结合　　　　B. 国家监察与地方监管相结合

C. 政府监督与其他监督相结合　　　　D. 外界监督与企业自查相结合

【考点】"一、安全生产监督管理体制和原则"。

★2. 某市一供热企业的安全生产，除应接受政府安全生产监督管理部门和工会的监督之外，还应接受_____的监督。

A. 安全中介机构　　　　　　　　　　B. 居委会

C. 新闻媒体　　　　　　　　　　　　D. 社会公众

【考点】"一、安全生产监督管理体制和原则"。

3. 安全生产监督管理的基本特征不包括_____。

A. 权威性　　　　B. 时效性　　　　C. 普遍约束性　　　　D. 强制性

【考点】"一、安全生产监督管理体制和原则"。

★4. 我国安全生产监督管理的基本原则包括_____。

A. 有法必依、执法必严、违法必究　　　　B. 以事实为依据，以法律为准绳

C. 预防为主　　　　　　　　　　　　　　D. 行为监察与技术监察相结合

E. 惩前毖后、治病救人

【考点】"一、安全生产监督管理体制和原则"。

★5. 我国安全生产监督管理的基本原则包括_____。

A. 有法必依、执法必严、违法必究　　　　B. 以事实为依据，以法律为准绳

C. 综合监管与行业监管相结合　　　　　　D. 监察与服务相结合

E. 教育与惩罚相结合

【考点】"一、安全生产监督管理体制和原则"。

6. 安全生产监督管理人员的职责不包括_____。

A. 宣传安全生产法律、法规和国家有关方针和政策

B. 严格履行有关行政许可的审查工作

C. 依法处理安全生产违法行为，实施行政处罚

D. 依法处理不符合法律、法规和标准的有关设备、设施和器材

E. 对企业中安全生产事故责任人做出处分决定

【考点】"二、安全生产监督管理人员的职责"。

7. 安全生产监督管理部门对生产经营单位作业场所实施监督检查的步骤不包括_____。

A. 监督检查用人单位执行安全生产法律、法规及标准的情况

B. 作业现场检查

C. 产品质量检查

D. 提出意见或建议

E. 发出《整改指令书》《处罚决定书》

【考点】"三、安全生产监督管理的程序、方式与内容"。

8. 颁发管理有关安全生产事项的许可的程序中，不包括_____。

A. 申请　　　　　　　B. 受理　　　　　　　C. 审计　　　　　　　D. 做出决定

E. 送达

【考点】"三、安全生产监督管理的程序、方式与内容"。

9. 安全生产监督管理部门对生产经营单位事前的监督管理不包括_____。

A. 审批安全生产许可证或经营许可证

B. 审批生产经营单位主要负责人和安全管理人员安全资格证

C. 审批特种作业人员操作资格证

D. 审查生产经营单位的安全生产规章制度

【考点】"三、安全生产监督管理的程序、方式与内容"。

★10. 安全生产监督管理部门对生产经营单位作业场所的监督检查分为行为监察和技术

监察，行为监察的主要内容包括_____。

    A. 生产经营单位安全生产的组织管理情况

    B. 规章制度建设情况

    C. 职工教育培训情况

    D. 劳动防护用品的发放和使用情况

    E. 各级安全生产责任制的实施情况

【考点】"三、安全生产监督管理的程序、方式与内容"。

11. 安全生产监督管理部门对生产经营单位作业场所的监督检查分为行为监察和技术监察，技术监察的主要内容不包括_____。

    A. 建设项目"三同时"的情况   B. 设备设施和安全防护装置完好情况

    C. 个人防护用品的质量、配备和作用   D. 安全生产教育培训计划执行情况

【考点】"三、安全生产监督管理的程序、方式与内容"。

第二节 煤 矿 安 全 监 察

一、煤矿安全监察体制

煤矿安全监察实行垂直管理、分级监察的管理体制。煤矿安全监察机构是负责煤矿安全监察工作的行政执法机构，归国家安全生产监督管理部门领导。

煤矿安全监察体制的特点有：实行垂直管理（人、财、物全部由中央政府负责）；监察和管理分开（安全管理由地方政府有关部门负责）；分区监察（可跨行政区）；国家监察（代表国家实施监察）等。

二、煤矿安全监察人员的职责

（1）监督检查地方人民政府有关部门与煤矿企业贯彻实施煤矿安全生产的方针、政策和法律、法规、规章、规程的情况。

（2）参加有关安全会议，查阅有关资料，随时进入煤矿企业作业场所对煤矿企业安全管理工作进行监察。

（3）参与煤矿建设工程安全设施的设计审查和工程竣工验收。

（4）监督检查煤矿建设工程安全设施施工的情况。

（5）检查煤矿企业管理人员、特种作业人员和矿山救护队员培训和资格认证的情况。

（6）监督检查煤矿企业落实安全生产责任制的情况。

（7）监督检查煤矿设备的安全认证和运行情况。

（8）对不具备安全生产条件、存在隐患的煤矿企业下达整改通知书，责令限期整改。

（9）发现危及职工生命安全的紧急情况时，可决定采取临时处置措施，或根据具体情况

下达停产通知书，责令停止作业，撤出人员，事后报告煤矿安全监察机关。

（10）对事关煤矿安全的违法行为，依照有关规定做出行政处罚或提出处罚意见，对有关责任人员提出处理建议。

（11）监督检查煤矿企业安全技术措施专项费用提取和使用的情况。

（12）监督检查煤矿企业职工劳动保护、职业病防治的情况。

（13）依照有关规定参加煤矿企业伤亡事故的抢救和调查处理，提出事故处理建议。

（14）受理对煤矿安全违法行为的举报。

（15）依法实施行政处罚。

（16）煤矿安全监察机关交办的其他事项。

三、煤矿安全监察的方式与内容

1. 煤矿安全监察工作方式

（1）日常监察：在日常情况下进行的监察工作，这种监察具有随机性，亦称常规监察。

（2）重点监察：对重点事项的监察，如安全生产许可证、安全管理机构设置、安全管理人员安全资格等。

（3）专项监察：针对某一时期煤矿安全工作重点（如瓦斯治理、停产整顿等）进行监察。

（4）定期监察：针对某些事故多发期进行监察，如年初、年底、春节后、停产矿井恢复生产等。

2. 煤矿安全监察内容

（1）是否建立、健全安全生产责任制。

（2）主要负责人是否向职工代表大会或职工大会报告安全工作，发挥职工群众的监督作用。

（3）是否设置安全管理机构，配备专业安全管理人员。

（4）是否对各类职工进行安全教育培训。

（5）职工是否存在违章指挥、违章操作、违反劳动纪律的行为。

（6）生产性建设项目是否做到"三同时"。

（7）企业生产发展规划和年度计划是否包括下列隐患的预防措施：瓦斯爆炸、煤尘爆炸、煤与瓦斯突出；冒顶、片帮、冲击地压、边坡滑落和地表塌陷；地面和井下火灾与水害；爆破器材和爆破作业事故与危害；粉尘、有毒有害气体、放射性物质和其他有害物质的危害；其他危害。

（8）是否具有保障安全生产的图纸、资料；是否设置安全标志、井下避险路线等。

（9）是否提取和使用安全保障基金和安全技术措施专项费用。

（10）是否具备防治瓦斯、煤尘、火灾、水害、顶板事故的技术手段和装备，其抗灾能力与矿井灾害程度相适应。

（11）所使用的有特殊安全要求的设备、器材、防护用品和安全检测仪器，是否符合有关标准，并通过安全认证。

（12）是否在依法批准的开采范围内进行采矿作业。

（13）在建筑物下、铁路下或者水体下开采煤炭，是否制定安全措施，并报煤矿安全监察部门备案。

（14）在停工或者恢复采煤作业时，是否采取安全措施。

（15）是否录用未成年人从事煤矿工作；是否分配女职工从事井下劳动。

（16）是否按照规定要求向职工发放劳动防护用品；是否对从事有职业危害作业的职工进行健康检查。

（17）是否为职工办理工伤保险；是否为煤矿井下作业人员办理意外伤害保险。

（18）是否建立救护和医疗急救组织，配备必要的装备、器材和药品。

模拟试题及考点

1. 我国煤矿安全监察实行_____的管理体制。

A. 统一管理、定期监察　　　　　　　B. 垂直管理、分级监察

C. 直接管理、专项监察　　　　　　　D. 分级管理、分级监察

【考点】"一、煤矿安全监察体制"。

2. 下述关于煤矿安全监察体制的特点的叙述，不准确的是_____

A. 实行垂直管理（人、财、物全部由中央政府负责）

B. 监察和管理并重（进行安全监察时同时进行安全管理）

C. 分区监察（可跨行政区）

D. 国家监察（代表国家实施监察）

【考点】"一、煤矿安全监察体制"。

3. 关于煤矿安全监察人员应履行的职责，_____不正确。

A. 发现危及职工生命安全的紧急情况时，可决定采取临时处置措施，或根据具体情况下达停产通知书，责令停止作业，撤出人员，事后报告煤矿安全监察机关

B. 监督检查煤炭企业完成生产任务的情况

C. 受理对煤矿安全违法行为的举报

D. 监督检查煤矿企业安全技术措施专项费用提取和使用的情况

【考点】"二、煤矿安全监察人员的职责"。

★4. 煤矿安全监察工作方式包括_____监察。

A. 日常　　　　　　B. 重点　　　　　　C. 轮流　　　　　　D. 专项

E. 定期

【考点】"三、煤矿安全监察的方式与内容"。

★5. 下列不属于煤矿安全监察内容的是_____。

A. 是否对各类职工进行安全教育培训

B. 是否拖欠工人的工资

C. 是否在依法批准的开采范围内进行采矿作业

D. 是否设立了合格的职工医院

E. 是否为职工办理工伤保险，是否为煤矿井下作业人员办理意外伤害保险

【考点】"三、煤矿安全监察的方式与内容"。

第三节　特种设备安全监察

一、特种设备安全监察体制

1. 特种设备安全监察机构

国家对特种设备实行专项安全监察体制。特种设备安全监督管理职能由国家市场监督管理总局及各级地方政府市场监督管理机构承担。

国家市场监督管理总局内设特种设备安全监察局，各省、自治区、直辖市在市场监督管理机构内设有特种设备安全监察处，各地市设安全监察科，工业发达的县或县级市设安全股，各地建立压力容器检验所或特种设备检验所。

2. 特种设备安全监察制度

市场准入制度：包括生产许可证制度、由专门的检验机构进行产品出厂检验的制度等。

全过程一体化监察制度：包括对特种设备设计、制造、安装、使用、检验、修理、改造七个环节的安全监察。

3. 特种设备安全监察的特点

具有强制性、体系性和责任追究性。

二、特种设备安全监察人员的职责

（1）积极宣传安全生产的方针、政策和特种设备安全法规，督促有关单位贯彻执行。

（2）对特种设备设计、制造、安装、充装、检验、修理、改造、使用、维修保养、化学清洗单位进行监督检查，发现有违反设备安全法律法规行为时，有权通知违规单位予以纠正。

（3）对特种设备的制造、安装、充装、检验、修理、改造、使用、维修保养、化学清洗活动进行检查，有权制止无资质或违章作业行为，发现安全质量不符合要求的，可以报告监察机构发出《安全监察指令书》，要求相关单位限期解决；逾期不解决，有权通知停止设备的制造和使用。

（4）监督有关单位对司炉工、焊工、压力容器操作人员、医用氧舱维护人员、水处理人员、电梯操作人员、起重机械操作人员、客运索道管理人员、充装人员等特种作业人员的培训考核，有权制止非持证人员上岗作业。

（5）制定或参与审定有关特种设备安全技术规程、标准。

（6）参加特种设备事故的调查，提出处理意见。

三、特种设备安全监察的方式与内容

1. 特种设备安全监察的方式

（1）行政许可制度。对特种设备实施市场准入制度和设备准用制度。市场准入制度主要是对从事特种设备的设计、制造、安装、修理、维护保养、改造的单位实施资格许可，并对部分产品出厂实施安全性能监督检验。对在用的特种设备通过实施定期检验，注册登记，施行准用制度。

（2）监督检查制度。

1）通过检验发现特种设备在设计、制造、安装、维修、改造中的影响产品安全性能的质量问题。

2）对检查发现的问题，用行政执法的手段纠正违法违规行为。

3）通过广泛宣传，提高全社会的安全意识和法规意识。

4）发挥群众监督和舆论监督的作用，加大对各类违法违规行为的查处力度。

5）加强日常工作的监察。

（3）事故应对和调查处理。建立危机处理机制（包括事故应急处理预案、组织和物资保证、技术支撑、人员的救援、后勤保障、建立与舆论界可控的互动关系等）；事故发生后严肃调查处理。

2. 特种设备安全监察的内容

（1）检查相关单位（设计、制造、安装、检验、修理、使用等）守法情况。

（2）检查相关人员持证上岗情况。

（3）检查相关的安全生产责任制情况。

（4）检查相关作业（设计、制造、安装、充装、使用、修理、改造等）的合规性。

（5）参加特种设备事故调查。

模 拟 试 题 及 考 点

1. 以下叙述中错误的是_____。

A. 特种设备安全监督管理部门是指国家市场监督管理总局及各级地方政府市场监督管理机构

B. 特种设备安全监督管理部门是指国家安全生产监督管理部门和各级地方政府安全生产监督管理部门

C. 特种设备安全监察人员可参加特种设备事故的调查，提出处理意见

D. 国家对特种设备实行专项安全监察体制

【考点】"一、特种设备安全监察体制"和"二、特种设备安全监察人员的职责"。

★2. 我国建立的两项特种设备安全监察制度是_____。

A. 特种设备市场准入制度　　　　　　B. 特种设备运行监督制度

C. 特种设备保养制度　　　　　　　　D. 特种设备登记制度

E. 特种设备全过程一体化监察制度

【考点】"一、特种设备安全监察体制"。

3. 特种设备全过程一体化安全监察制度的"全过程"含有7个环节，不包括特种设备的_____。

A. 设计　　　　　　B. 制造　　　　　　C. 检验　　　　　　D. 运输

【考点】"一、特种设备安全监察体制"。

★4. 特种设备市场准入制度对下列_____实施资格许可。

A. 特种设备设计、制造单位

B. 特种设备安装单位

C. 特种设备使用单位

D. 特种设备维修、改造单位

【考点】"三、特种设备安全监察的方式与内容"。

★5. 特种设备的准用制度要求对在用的特种设备进行_____。

A. 注册登记　　　B. 定期检验　　　C. 定期运行　　　D. 定期报废

【考点】"三、特种设备安全监察的方式与内容"。

6. 我国对部分特种设备产品出厂实施安全性能监督检验，这属于_____制度。

A. 设备准用　　　B. 市场准入　　　C. 监督检查　　　D. 责任追究

【考点】"三、特种设备安全监察的方式与内容"。

7. 我国对在用的特种设备实施定期检验和注册登记，这属于_____制度。

A. 设备准用　　　B. 市场准入　　　C. 监督检查　　　D. 责任追究

【考点】"三、特种设备安全监察的方式与内容"。

第四章

安 全 评 价

第一节 安全评价的分类

安全评价分为安全预评价、安全验收评价和安全现状评价三种。

一、安全预评价

根据建设项目可行性研究报告的内容，应用系统安全工程的方法，分析和预测该建设项目存在的危险、有害因素的种类，评价其危险程度即发生事故的可能性和后果，针对不可容许的危险，提出消除、预防和降低的对策措施，并评价采取措施后的效果，据此提出合理可行的安全技术设计和安全管理的建议。

简言之，安全预评价的内容包括危险有害因素识别、危险度评价和安全对策措施及建议。

二、安全验收评价

在建设项目竣工、试生产运行正常后，通过对建设项目的设施、设备、装置实际运行状况的检测、考察，查找该建设项目投产后可能存在的危险、有害因素，进行定性和定量的评价，判断系统在安全上的符合性和配套安全设施的有效性，从而做出评价结论并提出合理可行的安全技术调整方案和安全管理对策。

安全验收评价报告是安全生产监督管理部门对企业建设项目进行安全验收审批的重要依据。

三、安全现状评价

针对某一个生产经营单位总体或局部的生产经营活动安全现状进行的全面评价，是根据有关法规的规定或生产经营单位的安全生产的要求而进行的。

主要内容：全面收集评价所需的信息资料，采用合适的安全评价方法进行危险识别，给出量化的安全状态参数值；对于可能造成重大后果的事故隐患，应采用相应的数学模型，进行事故模拟，预测极端情况下的影响范围，分析事故的最大损失，以及发生事故的概率；对发现的隐患，根据量化的安全状态参数值、整改的优先度进行排序；提出整改措施与建议。

模拟试题及考点

1. 安全预评价是指在建设项目_____应用安全评价的原理和方法对系统的危险性、危害性进行预测性评价。

A. 建设中　　　　B. 初步设计前　　　　C. 竣工验收时　　　　D. 可行性研究前

【考点】"一、安全预评价"。

2. 某生产经营单位拟新建一个液氯贮罐区，通过调研提出了可行性研究报告。对该建设项目进行安全预评价时，应主要考虑_____对安全生产的影响。

A. 布局　　　　B. 气温　　　　C. 气压　　　　D. 湿度

【考点】"一、安全预评价"。

3. 下列关于安全预评价和安全验收评价的叙述，正确的是_____。

A. 安全预评价根据建设项目可行性研究报告，在初步设计之前进行

B. 安全验收评价根据详细设计文件，在建设项目竣工、投产运行正常后进行

C. 安全预评价要委托给有相关资质的机构，安全验收评价由建设单位主管部门、安全生产监督管理部门、工会组织的代表共同进行

D. 安全预评价报告由安全生产监督管理部门审批，安全验收评价由建设单位主管部门审批

【考点】"一、安全预评价"和"二、安全验收评价"。

4. 安全验收评价是指运用系统安全工程原理和方法，在建设项目_____后，在正式_____前进行的一种检查性安全评价。

A. 投入生产，验收　　　　B. 验收完成，生产

C. 验收完成，投产　　　　D. 竣工，投产

【考点】"二、安全验收评价"。

5. 为建设项目的安全验收作技术准备的安全评价是_____。

A. 安全验收评价　　　　B. 安全现状评价　　　　C. 安全预评价

【考点】"二、安全验收评价"。

6. 建设项目竣工、试生产运行正常后，通过对该建设项目的设施、设备、装置实际运行状况的检测、考察，查找项目投产后可能存在的危险、有害因素，提出合理可行的安全对策措施和建议的安全评价属于_____。

A. 安全预评价　　　　B. 安全验收评价　　　　C. 安全现状评价

【考点】"二、安全验收评价"。

7. 对正在运行中的危险化学品生产或经营单位进行的安全评价属于_____。

A. 安全验收评价　　　　B. 安全现状评价　　　　C. 安全预评价

【考点】"三、安全现状评价"。

★8. 下列关于安全评价的叙述不正确的是_____。

A. 安全预评价分析和预测该建设项目存在的危险、有害因素的种类和程度，提出合理可行的安全技术设计和安全管理的建议

B. 安全验收评价通过对建设项目的设施、设备、装置实际运行状况的检测、考察，查找该建设项目投产后可能存在的危险、有害因素，提出合理可行的安全技术调整方案和安全管理对策

C. 安全现状评价可以在建设项目的任何阶段进行

D. 安全生产监督管理部门对企业建设项目进行安全验收的结论是进行安全验收评价的重要依据

【考点】"一、安全预评价""二、安全验收评价"和"三、安全现状评价"。

第二节　安全评价的程序

一、安全评价的一般程序

主要包括：准备阶段，危险、有害因素辨识与分析，划分评价单元，定性定量评价，提出安全对策措施建议，形成安全评价结论，编制安全评价报告。

二、安全评价的主要内容

安全评价的内容包括：高度概括评价结果；从风险管理角度给出评价对象在评价时与国家有关安全生产的法律、法规、标准、规范的符合性结论；给出事故发生的可能性和严重程度的预测性结论以及采取安全对策措施后的安全状态等。

1. 安全预评价内容

（1）准备阶段。明确被评价对象和范围，收集国内外相关法律法规、技术标准及工程、系统的技术资料；并进行必要的现场勘查。

（2）危险、有害因素辨识与分析。根据被评价工程、系统的情况，辨识和分析危险、有害因素，确定危险、有害因素存在的部位、存在的方式、事故发生的途径及其变化的规律。

（3）划分评价单元。以自然条件、基本工艺条件、危险有害因素分布及状况、便于实施评价为原则进行。

（4）定性、定量评价。在危险、有害因素辨识和分析的基础上，选择合理的评价方法，对工程、系统发生事故的可能性和严重程度进行定性、定量评价。

（5）提出安全对策措施建议。根据定性、定量评价结果，提出消除或减弱危险、有害因素的技术和管理措施的建议。

（6）形成安全评价结论。简要地列出主要危险、有害因素的评价结果，指出工程、系统应重点防范的重大危险因素，明确生产经营者应重视的重要安全措施。

（7）编制安全评价报告。依据安全评价的结果编制相应的安全评价报告。

2. 安全验收评价内容

（1）前期准备工作。明确评价对象及其评价范围，收集相关资料。

（2）列出危险、有害因素及其存在的部位和重大危险源的分布情况。参考安全预评价报告，根据周边环境、平立面布局、生产工艺流程、辅助生产设施、公用工程、作业环境、场所特点或功能分布，分析并列出危险、有害因素及其存在的部位和重大危险源的分布、监控情况。

（3）按科学、合理的原则划分评价单元。

（4）根据建设项目或工业园区建设的实际情况选择适用的评价方法。

（5）安全对策措施建议。根据评价结果，依照国家有关安全生产的法律法规、标准、行政规章、规范的要求，提出安全对策措施建议。安全对策措施建议应具有针对性、可操作性和经济合理性。

（6）安全验收评价结论。包括：符合性评价的综合结果；评价对象运行后存在的危险、有害因素及其危险危害程度；明确评价对象是否具备安全验收的条件。对达不到安全验收要求的评价对象明确提出整改措施建议。

模 拟 试 题 及 考 点

1. 安全预评价工作程序，除了开始的准备阶段和最后的评价报告编制外，还有以下几个步骤：① 提出安全对策措施；② 形成安全评价结论；③ 评价危险程度，即发生事故的可能性和严重程度；④ 辨识和分析危险因素、有害因素；⑤ 划分评价单元。其顺序是_____。

A. ①②③④⑤　　　B. ③④①⑤②　　　C. ④⑤③①②　　　D. ①③②⑤④

【考点】"一、安全评价的一般程序"。

★2. 安全预评价准备阶段的工作包括_____。

A. 明确被评价对象和范围

B. 收集国内外相关法律法规、技术标准及工程、系统的技术资料

C. 进行必要的现场勘查

D. 确定危险、有害因素存在的部位

【考点】"二、安全评价的主要内容"。

第三节　危险和有害因素辨识

一、危险、有害因素的分类

1. 按《生产过程危险和有害因素分类与代码》分类

《生产过程危险和有害因素分类与代码》（GB/T 13861—2009），将生产过程中的危险和有害因素分为四大类。

（1）人的因素。

1）心理、生理性危险和有害因素；

2）行为性危险和有害因素。

（2）物的因素。

1）物理性危险和有害因素；

2）化学性危险和有害因素；

3）生物性危险和有害因素。

（3）环境因素。

1）室内作业场所环境不良；

2）室外作业场所环境不良；

3）地下（含水下）作业环境不良；

4）其他作业环境不良。

（4）管理因素。

1）职业安全卫生组织机构不健全；

2）职业安全卫生责任制未落实；

3）职业安全卫生管理规章制度不完善；

4）职业安全卫生投入不足；

5）职业健康管理不完善；

6）其他管理因素缺陷。

2. 参照 GB 6441—1986《企业职工伤亡事故分类》进行分类

分为 20 类：物体打击、车辆伤害、机械伤害、起重伤害、触电、灼烫、淹溺、火灾、高处坠落、坍塌、冒顶片帮、透水、放炮、中毒窒息、爆炸（火药、瓦斯、锅炉、容器和其他）、其他伤害。

3. 职业危害因素分类

参照原卫生部颁发的《职业危害因素分类目录》，将危害因素分为粉尘、放射性物质、化学物质、物理因素、生物因素、导致职业性皮肤病的危害因素、导致职业性眼病的危害因素、导致职业性耳鼻喉口腔疾病的危害因素、职业性肿瘤的职业危害因素、其他职业危害因素 10 类。

二、危险、有害因素的辨识

1. 危险、有害因素的辨识方法

（1）直观经验分析方法。

1）对照、经验法。对照有关标准、法规、检查表或依靠分析人员的观察分析能力，借助于经验和判断能力直观地对评价对象的危险、有害因素进行分析的方法。

2）类比方法。利用相同或相似工程系统或作业条件的经验和劳动安全卫生的统计资料来类推、分析评价对象的危险、有害因素。

（2）系统安全分析方法。系统安全分析方法常用于复杂、没有事故经历的新开发系统。常用的系统安全分析方法有事件树分析、事故树分析等。

2. 危险、有害因素的辨识内容

（1）厂址：工程地质、地形地貌、水文、气象条件等。

（2）总平面布置：功能分区、防火间距和安全间距、动力设施、道路、储运设施等。

（3）道路及运输：装卸、人流、物流、平面和竖向交叉运输等。

（4）建、构筑物：生产火灾危险性分类、库房储存物品的火灾危险性分类、耐火等级、结构、层数、防火间距等。

（5）工艺过程。

1）新建、改建、扩建项目设计阶段：从根本上消除的措施、预防性措施、减少危险性措施、隔离措施、联锁措施、安全色和安全标志几方面考查；

2）安全现状综合评价可针对行业和专业的特点及行业和专业制定的安全标准、规程进行分析、识别；

3）根据归纳总结在许多手册、规范、规程和规定中典型的单元过程的危险、有害因素进行识别。

（6）生产设备、装置：工艺设备从高温、高压、腐蚀、振动、控制、检修和故障等方面；机械设备从运动零部件和工件、操作条件、检修、误操作等方面；电气设备从触电、火灾、静电、雷击等方面进行识别。

（7）作业环境：存在毒物、噪声、振动、辐射、粉尘等作业部位。

（8）安全管理措施：组织机构、管理制度、事故应急救援预案、特种作业人员培训、日常安全管理等方面。

模 拟 试 题 及 考 点

1. 下列不属于《生产过程危险和有害因素分类与代码》（GB/T 13861—2009）关于危险、有害因素分类的是_____。

A. 物的因素　　　　B. 人的因素　　　　C. 环境因素　　　　D. 组织因素

E. 管理因素

【考点】"一、危险、有害因素的分类"。

★2. 以下属于《生产过程危险和有害因素分类与代码》中物的因素的是_____。

A. 噪声危害　　　　B. 有毒物质　　　　C. 电磁辐射　　　　D. 粉尘与气溶胶

【考点】"一、危险、有害因素的分类"。

3. 根据《企业职工伤亡事故分类》（GB 6441—1986），企业机动车辆在行驶中引起的人体坠落和物体倒塌、下落、挤压伤亡事故，属于_____。

A. 机械伤害　　　　B. 起重伤害　　　　C. 车辆伤害　　　　D. 物体打击

【考点】"一、危险、有害因素的分类"。

4. 某机械加工厂发生一起因吊具挤伤操作人员手指的轻伤事故，根据《企业职工伤亡事故分类》（GB 6441—1986），该起事故属于_____。

A. 物体打击 　　B. 起重伤害 　　C. 车辆伤害 　　D. 机械伤害
【考点】"一、危险、有害因素的分类"。

5. 一化工厂发生一起火灾，造成 2 名人员烧伤，根据《企业职工伤亡事故分类》（GB 6441—1986），该起事故属于_____。

A. 火焰烧伤 　　B. 灼烫 　　C. 火灾 　　D. 其他伤害
【考点】"一、危险、有害因素的分类"。

6. 危险、有害因素辨识的方法大致可分为和_____。

A. 类比法，分析法 　　　　　　B. 对照、经验法，类比法
C. 直接法，系统分析法 　　　　D. 直观经验分析法，系统安全分析法
【考点】"二、危险、有害因素的辨识"。

第四节　安全评价方法

一、安全评价方法的分类

1. 按评价结果的量化程度分类

（1）定性安全评价方法，如安全检查表、专家现场询问观察法、因素图分析法、事故引发和发展分析、作业条件危险性评价法（LEC 法）、故障类型和影响分析、危险可操作性研究等。

（2）定量安全评价方法，如概率风险评价法（故障类型和影响分析、故障树分析、概率理论分析等）、伤害（或破坏）范围评价法（事故数学模型）、危险指数评价法（道化学法，蒙德法，易燃、易爆、有毒重大危险源评价法）等。

2. 其他分类方法

（1）按评价的推理过程分为归纳法（从原因推论结果，如事件树法）和演绎法（从结果推论原因，如事故树法）；

（2）按评价目的分类：事故致因因素评价、危险性分级评价、事故后果评价等；

（3）按评价对象分类：设备（设施或工艺）故障率评价、人员失误率评价、物质系数评价、系统危险性评价等。

二、常用安全评价的方法

1. 安全检查表方法

将工程、系统分割成若干小的子系统，根据有关法规、标准、国内外事故案例、系统分析及研究的结果，结合运行经历，归纳、总结所有的危险、有害因素，确定检查项目，以提问或打分的形式，按顺序编制成表，进行检查或评审。

2. 危险指数评价法

通过对几种工艺现状及运行的固有属性进行比较计算，确定工艺危险特性重要性大小。如道化学公司的火灾、爆炸危险指数法，帝国化学工业公司（ICI）的蒙德法，化工厂危险指数等级法等。

危险指数评价可以运用在工程项目的各个阶段（可行性研究、设计、运行等），可以在详细的设计方案完成之前运用，也可以在现有装置危险分析计划制定之前运用。它也可用于在役装置，作为确定工艺操作危险性的依据。

3. 预先危险分析方法

在设计、施工、生产前对系统中的危险性类别、出现条件、导致事故的后果进行分析，识别系统中的潜在危险，确定危险等级，防止危险发展成事故。

4. 故障假设分析方法（What…If）

提出任何与系统中工艺、装置安全有关的有关的不正常的生产条件并加以讨论。评价结果以表格形式表示，内容包括：将提出的问题，回答可能的后果，降低或消除危险性的措施。

5. 危险和可操作性研究（HAZOP）

集中背景各异的若干专家，将系统中某些参数（温度、压力、流量等）与一些引导词（偏高、偏低等）搭配，讨论系统工艺状态偏差可能产生的后果，该方法必须由一个多方面的、专业的、熟练的人员组成评价小组来完成。

此法常被用于化工系统。

6. 故障类型和影响分析（FMEA）

将系统分解为设备或子系统，针对各个设备或子系统分析其可能发生的故障类型及其对整个系统的影响，形成故障类型和影响分析表。

FMEA 的分析步骤：① 确定分析对象系统；② 分析元素故障类型和产生原因；③ 研究故障类型的影响；④ 填写故障类型和影响分析表格。

7. 故障树分析

将故障（事故）看成基本事件导致中间事件、中间事件导致事故事件（顶上事件）的事件序列。基本事件是指不能或不必再分的事件，如系统中某个元件失效、某种工艺状态偏差等。采用演绎分析方法，从故障事件（顶上事件）出发，列出所有可能引发顶上事件的中间事件，再对每个中间事件列出可能引发它的下一层中间事件或基本事件，直到所有中间事件都找出引发它的基本事件；然后确定每一层原因事件和结果事件之间的逻辑关系（与逻辑、或逻辑），将各层次原因事件和结果事件的逻辑关系画成完整的树状逻辑图。在此基础上，通过逻辑演算，进行最小割集分析（确定事故发生的条件）、最小径集分析（确定避免事故的条件）、基本事件重要度分析、事故概率分析等。

故障树分析基本程序：① 熟悉系统；② 调查事故；③ 确定顶上事件；④ 确定目标值；⑤ 调查原因事件；⑥ 画出故障树；⑦ 定性分析；⑧ 确定事故发生概率；⑨ 比较；⑩ 分析。

8. 事件树分析

也是将故障（事故）看成基本事件导致中间事件、中间事件导致事故事件的事件序列。但采用归纳分析法，选定某一基本事件为初始事件，根据该事件有安全影响和无安全影响两种状态画出后续事件的分支，对有安全影响的分支，再对此后续事件作同样的分析，直到后续事件为事故。该方法可确定一个初始事件能导致的各种事故及形成这些事故的事件链。

事件树分析步骤：① 确定初始事件；② 判定安全功能；③ 发展事件树和简化事件树；④ 分析事件树。

9. 作业条件危险性评价法（LEC）

用 L 表示作业条件下发生某种事故的可能性，用 E 表示作业人员暴露于该危险条件下的频率或时间，用 C 表示事故发生时所造成伤害的严重程度，每个量都规定几个级别，并用一定的分数值代表，用 $D=L×E×C$ 代表作业条件的危险性（风险）的大小，规定了 D 值的 5 个区间，分别表示五个危险性等级，是一种比较简单易行的方法。

10. 定量风险评价方法

针对可能的大规模灾难性事故，建立数学模型，进行计算机模拟，用以测算事故发生的概率和事故损失的大小及影响范围等，为事故预防和应急救援提供决策依据。此方法需要研发大型专用软件包，只有一些较大的公司才具备这种能力。

上述第 2、10 为定量评价方法，故障树分析、事件树分析既可以定性，也可以定量；其余皆为定性评价方法。

模 拟 试 题 及 考 点

★1. 按照安全评价给出的定量结果的类别不同，定量安全评价方法可以分为_____。

　A. 作业条件危险性评价法　　　　　　B. 概率风险评价法

　C. 伤害（或破坏）范围评价法　　　　D. 危险指数评价法

【考点】"一、安全评价方法的分类"。

2. 根据经验和直观判断能力对生产系统的工艺、设备、设施、环境、人员和管理等方面的状况进行的分析评价是_____。

　A. 定量安全评价方法　　　　　　　　B. 定性安全评价方法

　C. 系统安全评价方法　　　　　　　　D. 概率风险评价方法

【考点】"一、安全评价方法的分类"。

★3. 安全评价的主要目的是运用安全系统工程的原理和方法，识别和评价系统中存在的危险、有害因素。安全评价的分类方法有_____。

　A. 按评价结果的量化程度分类法　　　B. 按评价的推理过程分类法

　C. 按评价对象分类法　　　　　　　　D. 按提出的安全对策措施分类法

　E. 按安全评价要达到的目的分类法

【考点】"一、安全评价方法的分类"。

4. 下列安全评价方法中不属于定性评价法的是_____。

　A. 故障类型和影响分析法

　B. 预先危险性分析法

C. 道化学公司的火灾、爆炸危险指数评价法

D. 危险及可操作性研究法

【考点】"二、常用安全评价的方法"。

5. 对厂矿企业进行安全评价时，评价结果一般以表格形式表示，评价内容包括提出的问题、回答可能的后果、降低或消除危险性的安全措施。这种评价方法是_____。

A. 事故树分析方法　　　　　　　　B. 故障假设分析方法

C. 故障类型和影响分析　　　　　　D. 事件树分析方法

【考点】"二、常用安全评价的方法"。

6. 必须由多方面的、背景各异的、熟练的专家组成评价小组来完成，不能由某一个人单独完成的安全评价方法是_____。

A. 作业条件危险性评价法　　　　　B. 故障类型和影响分析

C. 危险和可操作性研究　　　　　　D. 故障假设分析方法

【考点】"二、常用安全评价的方法"。

7. 事故树分析法首先要确定_____。

A. 初始事件　　　B. 顶上事件　　　C. 基本事件　　　D. 危险事件

【考点】"二、常用安全评价的方法"。

8. 在故障树分析法中，最小割集表示_____。

A. 能使顶上事件不发生的基本事件集合

B. 能使顶上事件发生的基本事件集合

C. 能使顶上事件不发生的最小基本事件集合

D. 能使顶上事件发生的最小基本事件集合

【考点】"二、常用安全评价的方法"。

★9. 故障树分析的基本程序包括_____。

A. 确定顶上事件　　　　　　　　　B. 确定基本事件失效模式

C. 确定基本事件逻辑关系，画出故障树　D. 判定安全功能

E. 判定事件发生概率

【考点】"二、常用安全评价的方法"。

10. 某故障树的结构函数为 $T=x_1+x_1 x_2+x_1 x_3$，则导致该事故的最基本原因是_____。

A. $\{x_1\}$, $\{x_1 x_2\}$, $\{x_1 x_3\}$　　　　　　B. $\{x_1\}$

C. $\{x_1\}$, $\{x_1 x_3\}$　　　　　　　　　D. $\{x_2\}$, $\{x_3\}$

【考点】"二、常用安全评价的方法"。

11. 事件树分析法首先要确定_____。

A. 初始事件　　　B. 顶上事件　　　C. 基本事件　　　D. 危险事件

【考点】"二、常用安全评价的方法"。

第五节　安全评价报告

一、安全评价报告的主要内容

安全评价报告的主要内容见表4-1。

表4-1　　　　　　　　　　　　　　安全评价报告的主要内容

	安全预评价	安全验收评价	安全现状评价
目的	结合评价对象的特点阐述编制预评价报告的目的	结合评价对象的特点阐述编制验收评价报告的目的	项目单位简介； 项目的委托方； 评价要求和评价目的
评价依据	相关法律法规、标准、行政规章、规范 评价对象被批准设立的相关文件及其他有关参考资料	相关法律法规、标准、行政规章、规范 评价对象初步设计、变更设计或工业园区规划设计文件； 相关的批复文件	相关法律法规、标准、行政规章、规范； 项目的有关文件
概况	被评价对象的选址、总图及平面布置、工业园区规划、生产规模、工艺流程、功能分布、主要设施设备、主要装置、主要原材料、中间体、产品、经济技术指标、公用工程及辅助设施、人流、物流等		地理位置及自然条件、工艺过程、生产运行现状 项目委托约定的评价范围
	水文情况、地质条件		
危险有害因素辨识与分析	辨识与分析危险、有害因素的依据，辨识与分析危险、有害因素的过程		工艺流程、工艺参数、控制方式、操作条件、物料种类与理化特性、工艺布置、公用工程 逐一分析存在的危险、有害因素
		明确在运行中实际存在和潜在的危险、有害因素	
评价单元划分	划分评价单元的原则及单元划分		
评价方法的选择及评价过程	简介选定的评价方法，阐述选此方法的原因； 详细列出定性、定量评价过程； 对重大危险源的分布、监控情况及应急预案的内容，明确给出评价结果，对得出的评价结果进行分析	简介选定的评价方法； 描述符合性评价过程、事故发生可能性及其严重程度分析计算； 对得出的评价结果进行分析	说明选用的评价方法； 事故发生可能性及其严重程度分析计算； 评价结果分析； 结合现场调查结果及同类生产的事故案例分析，统计其发生的原因和概率； 必要时，运用数学模型进行重大事故模拟
安全对策措施及建议	安全对策措施建议的依据、原则、内容		对策措施与建议，并按风险程度高低对解决方案排序

续表

	安全预评价	安全验收评价	安全现状评价
评价结论	评价对象应重点防范的危险、有害因素，安全对策措施建议，在采取建议后能否受控及受控程度； 评价对象是否符合国家有关法律法规、标准、行政规章、规范要求	评价对象存在的危险、有害因素种类及危害程度； 评价对象是否具备安全验收的条件； 如达不到，提出整改措施建议	明确指出项目安全状态水平，并简要说明

二、安全评价报告的格式

（1）封面。

（2）安全评价资质证书影印件。

（3）著录项（评价单位、组长、技术负责人、成员、撰写人、审核人等）。

（4）前言。

（5）目录。

（6）正文。

（7）附件。

（8）附录。

模 拟 试 题 及 考 点

★1. 以下属于安全预评价报告内容的是_____。

A. 建设项目的概况　　　　　　　B. 评价方法和评价单元确定

C. 定性、定量评价及结果分析　　D. 事故分析与重大事故模拟

E. 是否具备安全验收的条件

【考点】"一、安全评价报告的主要内容"。

★2. 以下属于安全验收评价报告内容的是_____。

A. 建设项目的概况　　　　　　　B. 主要危险、有害因素识别

C. 评价单元的划分　　　　　　　D. 事故分析

E. 安全对策措施及建议

【考点】"一、安全评价报告的主要内容"。

第五章

职业病危害预防和管理

第一节 职业卫生概述

一、基本概念

1. 职业病

定义：企业、事业单位和个体经济组织等用人单位的劳动者在职业活动中，因接触粉尘、放射性物质和其他有毒、有害因素而引起的疾病。

由国家主管部门公布的职业病目录所列的职业病称为法定职业病。

原卫生部、原劳动和社会保障部于 2002 年颁布《职业病目录》（卫法监发〔2002〕108号），将 10 类共 115 种职业病列入法定职业病：

（1）粉尘类（13 种）；

（2）放射性物质类（电离辐射）；

（3）化学物质类（56 种）；

（4）物理因素（4 种）；

（5）生物因素（3 种）；

（6）导致职业性皮肤病的危害因素（8 种）；

（7）导致职业性眼病的危害因素（3 种）；

（8）导致职业性耳鼻喉口腔疾病的危害因素（3 种）；

（9）导致职业性肿瘤的职业危害因素（8 种）；

（10）其他职业危害因素（5 种）。

2. 职业病危害

对从事职业活动的劳动者可能导致职业病的各种危害。

3. 职业病危害因素

（1）定义：职业活动中存在的各种有害的化学、物理、生物因素以及在作业过程中产生的其他职业有害因素。

（2）分类。

按来源可分为以下三类：

1）生产过程中产生的有害因素：

化学因素。包括生产性粉尘和化学有毒物质。生产性粉尘，例如：矽尘、煤尘、石棉尘、电焊烟尘等。化学有毒物质，例如铅、汞、锰、苯、一氧化碳、硫化氢、甲醛、甲醇等。

物理因素。例如：异常气象条件（高温、高湿、低温）、异常气压、噪声、振动、辐射等。

生物因素。例如：附着于皮毛上的炭疽杆菌、甘蔗渣上的真菌，医务工作者可能接触到的生物传染性病原物等。

2）劳动过程中的有害因素：

劳动组织和制度不合理，劳动作息制度不合理等；

精神性职业紧张；

劳动强度过大或生产定额不当；

个别器官或系统过度紧张，如视力紧张等；

长时间不良体位或使用不合理的工具等。

3）生产环境中的有害因素：

自然环境中的因素，例如炎热季节的太阳辐射；

作业场所建筑卫生学设计缺陷因素，例如照明不良、换气不足等。

4. 职业禁忌

劳动者从事特定职业或者接触特定职业病危害因素时，比一般职业人群更易于遭受职业病危害和罹患职业病或者可能导致原有自身疾病病情加重，或者在从事作业过程中诱发可能导致对他人生命健康构成危险的疾病的个人特殊生理或者病理状态。

5. 职业接触限值

职业性有害因素的接触限制量值，指劳动者在职业活动过程中长期反复接触，对绝大多数接触者的健康不引起有害作用的容许接触水平。

GBZ 2.1—2007《工作场所有害因素职业接触限值　第 1 部分：化学有害因素》规定了339 种工作场所空气中化学物质的容许浓度、47 种工作场所空气中粉尘的容许浓度和两种工作场所空气中生物因素容许浓度。

GBZ 2.2—2007《工作场所有害因素职业接触限值　第 2 部分：物理因素》规定了超高频辐射、高频电磁场、工频电场、激光辐射、微波辐射、紫外辐射、高温作业、噪声、手传振动的职业接触限值和煤矿井下采掘工作场所气象条件。

其中，化学有害因素的职业接触限值有以下四类：

（1）时间加权平均容许浓度（PC‑TWA）。指以时间为权数规定的 8h/工作日、40h/工作周的平均容许接触浓度。

（2）最高容许浓度（MAC）。工作地点、在一个工作日内、任何时间有毒化学物质均不应超过的浓度。

（3）短时间接触容许浓度（PC‑STEL）。在遵守时间加权平均容许浓度前提下容许短时间（15min）接触的浓度。

（4）超限倍数。对未制定 PC‑STEL 的化学有害因素，在符合 8h 时间加权平均容许浓度的情况下，任何一次短时间（15min）接触的浓度均不应超过的 PC‑TWA 的倍数值。

6. 职业健康监护

职业健康监护指劳动者上岗前、在岗期间、离岗时、应急的职业健康检查和职业健康监护档案管理。

职业健康监护档案是用人单位为劳动者个人建立的，包括下列内容：

（1）劳动者姓名、性别、年龄、籍贯、婚姻、文化程度、嗜好等情况；

（2）劳动者职业史、既往病史和职业病危害接触史；

（3）历次职业健康检查结果及处理情况；

（4）职业病诊疗资料；

（5）需要存入职业健康监护档案的其他有关资料。

二、职业病危害防治工作方针与原则

职业病危害防治工作，贯彻"预防为主，防治结合"的方针，遵循职业卫生"三级预防"的原则。

1. 第一级预防

又称病因预防，是从根本上杜绝职业危害因素对人的作用，即改进生产工艺和生产设备，合理利用防护设施及个人防护用品，以减少工人接触的机会和程度。

《工作场所职业卫生监督管理规定》（国家安全生产监督管理总局令第 49 号）"第二章 用人单位的职责"提出了很多前期预防的要求，包括产生职业病危害的用人单位的工作场所应当符合的七项要求。《职业病危害项目申报办法》（国家安全生产监督管理总局令第 48 号）明确了职业病危害项目的申报制度。《建设项目职业卫生"三同时"监督管理暂行办法》（国家安全生产监督管理总局令第 51 号）要求职业病防护设施与主体工程同时设计、同时施工、同时投入生产和使用，建设单位在建设项目可行性论证阶段提交职业病危害预评价报告，在竣工验收前进行职业病危害控制效果评价。上述这些措施均属于第一级预防措施。

2. 第二级预防

又称发病预防，是早期检测和发现人体受到职业危害因素所致的疾病。

3. 第三级预防

是在病人患职业病以后，合理进行康复处理。

第一级预防是理想的方法，针对整体的或选择的人群，对人群健康和福利状态均能起根本的作用，一般所需投入比第二级预防和第三级预防要少，且效果更好。

模 拟 试 题 及 考 点

1. 职业病是指企业、事业单位和个体经济组织等用人单位的劳动者在职业活动中，因接触_____而引起的疾病。

A. 粉尘

B. 放射性物质

C. 除 A、B 外的其他有毒、有害因素

D. 以上都正确

【考点】"一、1. 职业病"。

★2. 生产过程中的职业性危害因素，按其性质分为_____。

A. 化学因素　　　B. 地理因素　　　C. 物理因素　　　D. 生物因素

【考点】"一、1. 职业病"。

3. 职业病的病因是_____。

A. 职业因素

B. 非职业因素

C. 职业因素或非职业因素

D. 职业因素和非职业因素同时存在

【考点】"一、1. 职业病"。

4. 国家主管部门公布的职业病目录所列的职业病称为_____职业病。

A. 确认　　　　　B. 环境　　　　　C. 严重　　　　　D. 法定

【考点】"一、1. 职业病"。

5. 列入我国职业病目录的职业病共有_____大类，_____种。

A. 9, 99　　　　　B. 10, 115　　　　C. 9, 100　　　　D. 10, 100

【考点】"一、1. 职业病"。

6. 下列生产过程中的危害因素，属于化学因素的是_____。

A. 机械振动　　　B. 致病细菌　　　C. 工业毒物　　　D. 辐射

【考点】"一、3. 职业病危害因素"。

7. 某劳动者接触特定职业病危害因素时，比一般职业人群更易于遭受职业病危害、罹患职业病，这种现象称为_____。

A. 职业相关疾病　　B. 职业禁忌　　　C. 职业不适　　　D. 职业易感

【考点】"一、4. 职业禁忌"。

8. 职业接触限值是职业性有害因素的接触限制量值，指劳动者在职业活动过程中长期反复接触，对绝大多数接触者的健康不引起有害作用的_____接触水平。

A. 容许　　　　　B. 允许　　　　　C. 接受　　　　　D. 适宜

【考点】"一、5. 职业接触限值"。

9. 职业健康监护指劳动者上岗前、在岗期间、离岗时、应急的_____检查和_____管理。

A. 健康，健康检查档案

B. 身体健康，身体健康检查档案

C. 职业卫生，职业卫生监护档案

D. 职业健康，职业健康监护档案

【考点】"一、6. 职业健康监护"。

10. 我国职业危害防治工作，遵循职业卫生"_____预防"的原则。

A. 一级　　　　　B. 二级　　　　　C. 三级　　　　　D. 四级

【考点】"二、职业病危害防治工作方针与原则"。

★11. 我国职业卫生"三级预防"的原则，包括＿＿＿＿＿三级。

A. 病因预防　　　　B. 发病预防　　　　C. 环境预防　　　　D. 病后康复

【考点】"二、职业病危害防治工作方针与原则"。

第二节　职业病危害因素识别

一、粉尘与尘肺

1. 生产性粉尘

在生产中，与生产过程有关而形成的粉尘叫作生产性粉尘。

含有游离二氧化硅的粉尘，能引起严重的职业病——矽肺。

2. 生产性粉尘的来源

生产性粉尘来源于以下几方面：

（1）固体物质的机械加工、粉碎，其所形成的尘粒。

（2）物质加热时产生的蒸气可在空气中凝结成小颗粒，或者被氧化形成颗粒状物质。

（3）有机物质的不完全燃烧所形成的微粒。

此外，对铸件翻砂、清砂作业时或生产中使用粉末状物质在进行混合、过筛、包装、搬运等操作时，也可产生多量粉尘；沉积的粉尘由于振动或气流的影响重又回到于空气中（二次扬尘）也是生产性粉尘的一项主要来源。

3. 生产性粉尘的分类

（1）生产性粉尘：无机性粉尘、矿物性粉尘（如硅石、石棉、煤等）、金属性粉尘（如铁、锡、铝等及其化合物）、人工无机性粉尘（如水泥、金刚砂等）。

（2）有机性粉尘：植物性粉尘（如棉、麻、面粉、木材）、动物性粉尘（如皮毛、丝、骨粉尘）、人工有机粉尘（如有机染料、农药、合成树脂、炸药、人造纤维等）。

（3）混合性粉尘：指上述各种粉尘混合存在。在生产环境中，最常见的是混合性粉尘。

4. 理化性质及对人体的危害

化学成分——致纤维化、中毒、致敏等；

分散度——直径小于 5 微米的粉尘对机体的危害性较大，也易于达到呼吸器官的深部；

（总粉尘：指直径为 40mm 的滤膜，按标准粉尘测定方法采样所得的粉尘。呼吸性粉尘：指按呼吸性粉尘采样方法所采集的可进入肺泡的粉尘粒子，其空气动力学直径均在 7.07μm 以下，空气动力学直径 5μm 粉尘粒子的采样效率为 50%。）

溶解度和密度——呈化学毒作用的粉尘，随溶解度的增加其危害作用增强；呈机械刺激作用的粉尘，随溶解度的增加其危害作用减弱；

形状和硬度——坚硬并外形尖锐的尘粒可能引起呼吸道黏膜机械损伤，如石棉纤维等纤维状粉尘；

荷电性——荷电的尘粒在呼吸道可被阻留；

爆炸性——高分散度的煤炭、糖、面粉、硫黄、铝、锌等粉尘具有爆炸性，发生爆炸的条件是高温和粉尘在空气中达到足够的浓度。

5. 尘肺

生产性粉尘引起的职业病就其病理性质可概括为如下几种：全身中毒性，局部刺激性，变态反应性，光感应性，感染性，致癌性，尘肺。

生产性粉尘引起的职业病中，以尘肺最为严重。

从病因上分析，可将尘肺分为六类：矽肺、硅酸盐肺、炭尘肺、金属尘肺、混合性尘肺、有机尘肺。

13 种法定尘肺病：矽肺、煤工尘肺、石墨尘肺、炭黑尘肺、石棉肺、滑石尘肺、水泥尘肺、云母尘肺、陶工尘肺、铝尘肺、电焊工尘肺、铸工尘肺，根据《尘肺疾病诊断标准》和《尘肺病理诊断标准》可以诊断的其他尘肺。

6. 治理措施

（1）改革工艺过程，使生产过程机械化、密闭化、自动化；

（2）湿式作业；

（3）密闭—抽风—除尘，系统可分为密闭设备、吸尘罩、通风管、除尘器等几个部分；

（4）佩戴防尘护具。

二、生产性毒物与职业中毒

1. 生产性毒物及其危害

（1）毒物毒性。

毒物毒性大小可以用引起某种毒性反应的剂量来表示。在引起同等效应的条件下，毒物剂量越小，表明该毒物的毒性越大。

化学物质的危害程度分级分为剧毒、高毒、中等毒、低毒和微毒 5 个级别。

（2）毒物的危害性。

毒物的危害性不仅取决于毒物的毒性，还受生产条件、劳动者个体差异的影响。因此，毒性大的物质不一定危害性大，毒性与危害性不能画等号。

影响毒物毒性作用的因素：

1）化学结构。

2）物理特性。毒物的溶解度、分解度、挥发性等与毒物的毒性作用有密切关系。毒物在水中溶解度越大，其毒性越大；分解度越大，不仅化学活性增加，而且易进到呼吸道的深层部位而增加毒性作用；挥发性越大，危害性越大。一般，毒物沸点与空气中毒物浓度和危害程度成反比。

3）毒物剂量。在生产条件下，毒物剂量与毒物在工作场所空气中的浓度和接触时间有密切关系。

4）毒物联合作用。

5）生产环境与劳动条件。生产环境的温度、湿度、气压、气流等能影响毒物的毒性作用。高温可促进毒物挥发，增加人体吸收毒物的速度；湿度可促使某些毒物如氯化氢、氟化氢的毒性增加；高气压可使毒物在体液中的溶解度增加；劳动强度增大时人体对毒物更敏感，或吸收量加大。

6）个体状态。一般，未成年人和妇女生理变动期（经期、孕期、哺乳期）对某些毒物敏感性较高。

（3）毒物作用于人体的危害表现。

毒物作用于人体的危害表现有急性、慢性之分。

1）局部刺激和腐蚀。

2）中毒。

此外，有的化学物质长期接触后，会造成女工自然流产、后代畸形；有的会增加群体肿瘤的发病率；有的则会改变免疫功能等。

2. 职业中毒

劳动者在生产过程中过量接触生产性毒物引起的中毒，称为职业中毒。

职业中毒并不都是急性中毒，还有慢性中毒。

毒物可经呼吸道吸入，也可经皮肤吸收。

（1）生产性毒物在生产过程中，可在原料、辅助材料、夹杂物、半成品、成品、废气、废液及废渣中存在。

（2）生产性毒物侵入人体的途径有：吸入、经皮吸收、食入。

（3）职业中毒的类型有：急性中毒、慢性中毒、亚急性中毒。

（4）职业接触生产性毒物机会：正常生产过程，检修与抢修，意外事故。

三、物理性职业病危害因素及所致职业病

作业场所常见的物理性职业病危害因素包括噪声、振动、辐射、异常气象条件（气温、气流、气压）等。

1. 噪声

生产性噪声引起的职业病——噪声聋。

防止噪声聋的措施：

（1）工艺选择或改造：减少噪声源和噪声强度。

（2）加强设备维护：运行良好，降低噪声。

（3）采取消声、降噪、隔离措施。

（4）佩戴有效的听力保护用品。

（5）合理安排工作时间，实行轮、换岗制度。

2. 振动

国家已将手臂振动的局部振动病列为职业病。

3. 电磁辐射

（1）非电离辐射：

1）高频作业、微波作业等。

2）红外线，白内障是长期接触红外辐射而引起的常见职业病。

职业性白内障已列入我国职业病名单。

3）紫外线，紫外线对眼睛的损伤，即由电弧光照射所引起的职业病——电光性眼炎。

4）激光，激光也是电磁波，属于非电离辐射。

（2）电离辐射。

1）凡能引起物质电离的各种辐射称为电离辐射。如各种天然放射性核素和人工放射性核素、X 线机等。

2）电离辐射引起的职业病——放射病。

列为国家法定职业病的，包括急性、慢性外照射放射病，外照射皮肤放射损伤和内照射放射病等四种。

4. 异常气象条件

气象条件主要是指作业环境周围空气的温度、湿度、气流与气压等。

（1）异常气象条件下的作业类型：高温强热辐射作业、高温高湿作业、夏季露天作业、低温作业、高气压作业、低气压作业。

（2）异常气象条件引起的职业病：中暑、减压病、高原病。

四、职业性致癌因素

1. 职业性致癌物

与职业有关的、能引起恶性肿瘤的有害因素称为职业性致癌因素。由职业性致癌因素所致的癌症称为职业癌。

经过流行病学调查和动物实验，有明确证据表明对人有致癌作用的物质，称为确认致癌物，如炼焦油、芳香胺、石棉、铬、芥子气、氯甲甲醚、氯乙烯、放射性物质等。

2. 职业致癌物引起的职业癌

我国已将石棉、联苯胺、苯、氯甲甲醚、砷、氯乙烯、焦炉烟气、铬酸盐所致的癌症，列入职业病名单。

五、生物因素所致职业病

生物因素所致职业病是指劳动者在生产条件下，接触生物性危害因素而发生的职业病。我国将炭疽、森林脑炎和布氏杆菌病列为法定职业病。

六、职业有关疾病

职业有关疾病又称工作有关疾病，主要是指职业人群中发生的、由多种因素引起的疾病。它的发生与职业因素有关，但又不是唯一的发病因素，非职业因素也可引起发病。是在职业病名单之外的一些与职业因素有关的疾病，但常常是职工缺勤的重要因素。

模 拟 试 题 及 考 点

1. 含有＿＿＿＿＿＿＿＿的粉尘，能引起严重的职业病——矽肺。

A. 二氧化硒　　　　B. 游离二氧化硒　　　C. 二氧化硅　　　　D. 游离二氧化硅

【考点】“一、1. 生产性粉尘”。

2. 下列_____不属于有机性粉尘。

A. 植物性粉尘　　　B. 矿物性粉尘　　　C. 动物性粉尘　　　D. 人工有机粉尘

【考点】"一、3. 生产性粉尘的分类"。

3. 下列_____不是生产性毒物侵入人体的途径。

A. 经呼吸道吸入　　B. 经皮肤吸收　　　C. 经毛发吸收　　　D. 食入

【考点】"二、2. 职业中毒"。

4. 手臂_____为法定职业病。

A. 手臂局部振动病　　　　　　　　　B. 手臂振动病

C. 全身振动病　　　　　　　　　　　D. 身体局部振动病

【考点】"三、2. 振动"。

5. 易引起电光性眼炎的职业病的是_____。

A. 红外线　　　　　B. 紫外线　　　　　C. 激光　　　　　　D. 射频辐射

【考点】"三、3. 电磁辐射"。

6. 容易引起职业性白内障的有害辐射是_____。

A. 红外线　　　　　B. 紫外线　　　　　C. 激光　　　　　　D. β 粒子

【考点】"三、3. 电磁辐射"。

7. 属于电离辐射的是_____。

A. 射频辐射　　　　B. 红外线　　　　　C. 紫外线　　　　　D. β 射线

【考点】"三、3. 电磁辐射"。

★8. 属于非电离辐射的是_____。

A. 激光　　　　　　B. α 射线　　　　C. 紫外线　　　　　D. γ 射线

【考点】"三、3. 电磁辐射"。

9. 下列不是异常气象条件引起的职业病的是_____。

A. 减压病　　　　　B. 中暑　　　　　　C. 脊柱病　　　　　D. 高原病

【考点】"三、4. 异常气象条件"。

10. 下列_____不是职业性致癌物。

A. 石棉　　　　　　B. 铜　　　　　　　C. 苯　　　　　　　D. 砷

E. 氯乙烯

【考点】"四、2. 职业致癌物引起的职业癌"。

★11. 我国已将_____列为生物因素所致的法定职业病。

A. 炭疽病　　　　　B. 森林脑炎　　　　C. 哮喘　　　　　　D. 布氏杆菌病

【考点】"五、生物因素所致职业病"。

第三节 职业病危害建设项目

一、职业病危害建设项目

可能产生职业病危害的建设项目，是指存在或者产生职业病危害因素分类目录所列职业病危害因素的建设项目。

二、《建设项目职业病危害分类管理办法》的规定

《建设项目职业病危害分类管理办法》（卫生部令第 49 号，2006）第三条规定，有下列情形之一的为严重职业病危害的建设项目：

（1）可能产生放射性职业病危害因素的。

（2）可能产生在《职业性接触毒物危害程度分级》中危害程度为"高度和极度危害"的化学物质的。

（3）可能产生含游离二氧化硅 10% 以上粉尘的。

（4）可能产生石棉纤维的。

（5）卫生部规定的其他应列入严重职业危害范围的。

三、《建设项目职业卫生"三同时"监督管理办法》的规定

1. 职业卫生"三同时"

建设项目职业病防护设施必须与主体工程同时设计、同时施工、同时投入生产和使用。职业病防护设施所需费用应当纳入建设项目工程预算。

各级政府安全生产监督管理部门对建设项目职业卫生"三同时"实施监督管理。

2. 分类监督管理

国家根据建设项目可能产生职业病危害的风险程度，将建设项目分为职业病危害一般、较重和严重 3 类，并对职业病危害严重建设项目实施重点监督检查。

3. 职业病危害预评价和控制效果评价

对可能产生职业病危害的建设项目，建设单位应当在建设项目可行性论证阶段进行职业病危害预评价。

建设项目在竣工验收前或试运行期间，建设单位应当进行职业病危害控制效果评价。

模 拟 试 题 及 考 点

★1. 按照《建设项目职业病危害分类管理办法》（卫生部令第 49 号，2006）的规定，可能产生_____的建设项目为严重职业病危害的建设项目。

A. 放射性职业病危害因素

133

B. 在《职业性接触毒物危害程度分级》中危害程度为"极度危害"和"高度危害"的化学物质

C. 含游离二氧化硅 10% 以下粉尘

D. 石棉纤维

【考点】"二、《建设项目职业病危害分类管理办法》的规定"。

2. 国家根据建设项目可能产生职业病危害的风险程度，将建设项目分为职业病危害_____3 类，并对职业病危害严重建设项目实施重点监督检查。

A. 一般、较重和严重　　　　　　　　　B. 轻微、一般和较重

C. 一般、严重和重大　　　　　　　　　D. 轻微、一般和严重

【考点】"三、《建设项目职业卫生"三同时"监督管理办法》的规定"。

3. 对可能产生职业病危害的建设项目，建设单位应当在建设项目_____阶段进行职业病危害预评价。建设项目在竣工验收前或试运行期间，建设单位应当进行职业病危害_____评价。

A. 可行性论证，验收　　　　　　　　　B. 可行性论证，控制效果

C. 初步设计，验收　　　　　　　　　　D. 初步设计，控制效果

【考点】"三、《建设项目职业卫生"三同时"监督管理办法》的规定"。

第四节　用人单位职业病防治管理

一、用人单位的职业卫生职责

1. 管理机构及管理人员

职业病危害严重的用人单位，应当设置或者指定职业卫生管理机构或者组织，配备专职职业卫生管理人员。

其他存在职业病危害的用人单位，劳动者超过 100 人的，应当设置或者指定职业卫生管理机构或者组织，配备专职职业卫生管理人员；劳动者在 100 人以下的，应当配备专职或者兼职的职业卫生管理人员，负责本单位的职业病防治工作。

2. 培训

用人单位的主要负责人和职业卫生管理人员应当具备与本单位所从事的生产经营活动相适应的职业卫生知识和管理能力，并接受职业卫生培训。

用人单位应当对劳动者进行上岗前的职业卫生培训和在岗期间的定期职业卫生培训，对职业病危害严重的岗位的劳动者，进行专门的职业卫生培训，经培训合格后方可上岗作业。

3. 工作场所应当符合的基本要求

（1）生产布局合理，有害作业与无害作业分开。

（2）工作场所与生活场所分开，工作场所不得住人。

（3）有与职业病防治工作相适应的有效防护设施。

（4）职业病危害因素的强度或者浓度符合国家职业卫生标准。

（5）有配套的更衣间、洗浴间、孕妇休息间等卫生设施。

（6）设备、工具、用具等设施符合保护劳动者生理、心理健康的要求。

（7）法律、法规、规章和国家职业卫生标准的其他规定。

4. 公告栏、警示标识、告知卡

产生职业病危害的用人单位，应当在醒目位置设置公告栏，公布有关职业病防治的规章制度、操作规程、职业病危害事故应急救援措施和工作场所职业病危害因素检测结果。

存在或者产生职业病危害的工作场所、作业岗位、设备、设施，应当按照 GBZ 158《工作场所职业病危害警示标识》的规定，在醒目位置设置图形、警示线、警示语句等警示标识和中文警示说明。警示说明应当载明产生职业病危害的种类、后果、预防和应急处置措施等内容。

存在或产生高毒物品的作业岗位，应当按照 GBZ/T 203《高毒物品作业岗位职业病危害告知规范》的规定，在醒目位置设置高毒物品告知卡，告知卡应当载明高毒物品的名称、理化特性、健康危害、防护措施及应急处理等告知内容与警示标识。

5. 职业病防护用品

用人单位应当为劳动者提供符合国家职业卫生标准的职业病防护用品，并督促、指导劳动者按照使用规则正确佩戴、使用，不得发放钱物替代发放职业病防护用品。

用人单位应当对职业病防护用品进行经常性的维护、保养，确保防护用品有效，不得使用不符合国家职业卫生标准或者已经失效的职业病防护用品。

6. 报警装置、事故通风装置及泄漏报警装置

存在可能发生急性职业损伤的有毒、有害工作场所，用人单位应当设置报警装置，配置现场急救用品、冲洗设备、应急撤离通道和必要的泄险区。

在可能突然泄漏或者逸出大量有害物质的密闭或者半密闭工作场所，用人单位还应当安装事故通风装置以及与事故排风系统相连锁的泄漏报警装置。

7. 防护设备、应急救援设施

用人单位应当对职业病防护设备、应急救援设施进行经常性的维护、检修和保养，定期检测其性能和效果，确保其处于正常状态，不得擅自拆除或者停止使用。

8. 检测和评价

存在职业病危害的用人单位，应当实施由专人负责的工作场所职业病危害因素日常监测，确保监测系统处于正常工作状态。

存在职业病危害的用人单位，应当委托具有相应资质的职业卫生技术服务机构，每年至少进行一次职业病危害因素检测。

职业病危害严重的用人单位，除遵守前款规定外，应当委托具有相应资质的职业卫生技术服务机构，每三年至少进行一次职业病危害现状评价。

9. 职业卫生安全许可证管理

工作场所使用有毒物品的用人单位，应当按照有关规定向安全生产监督管理部门申请办理职业卫生安全许可证。

二、职业健康监护

职业健康监护，是指劳动者上岗前、在岗期间、离岗时、应急的职业健康检查和职业健康监护档案管理。《用人单位职业健康监护监督管理办法》（国家安全生产监督管理总局令第49号）规定了用人单位的职责。

（1）制定、落实本单位职业健康检查年度计划，并保证所需要的专项经费。

用人单位应当组织劳动者进行职业健康检查，并承担职业健康检查费用。劳动者接受职业健康检查应当视同正常出勤。

（2）承担职业健康检查的医疗卫生机构。

用人单位应当选择由省级以上人民政府卫生行政部门批准的医疗卫生机构承担职业健康检查工作，并确保参加职业健康检查的劳动者身份的真实性。

（3）用人单位在委托职业健康检查机构对从事接触职业病危害作业的劳动者进行职业健康检查时，应当如实提供下列文件、资料：

1）用人单位的基本情况；

2）工作场所职业病危害因素种类及其接触人员名册；

3）职业病危害因素定期检测、评价结果。

（4）上岗前的职业健康检查。

1）用人单位应当对下列劳动者进行上岗前的职业健康检查：

① 拟从事接触职业病危害作业的新录用劳动者，包括转岗到该作业岗位的劳动者；

② 拟从事有特殊健康要求作业的劳动者。

2）用人单位不得安排未经上岗前职业健康检查的劳动者从事接触职业病危害的作业，不得安排有职业禁忌的劳动者从事其所禁忌的作业。用人单位不得安排未成年工从事接触职业病危害的作业，不得安排孕期、哺乳期的女职工从事对本人和胎儿、婴儿有危害的作业。

（5）在岗期间的职业健康检查。

用人单位应当按照《职业健康监护技术规范》（GBZ 188）等国家职业卫生标准的规定和要求，确定接触职业病危害的劳动者的检查项目和检查周期。需要复查的，应当根据复查要求增加相应的检查项目。

（6）应急职业健康检查。

出现下列情况之一的，用人单位应当立即组织有关劳动者进行应急职业健康检查：

1）接触职业病危害因素的劳动者在作业过程中出现与所接触职业病危害因素相关的不适症状的。

2）劳动者受到急性职业中毒危害或者出现职业中毒症状的。

（7）离岗时的职业健康检查。

对准备脱离所从事的职业病危害作业或者岗位的劳动者，用人单位应当在劳动者离岗前30日内组织劳动者进行离岗时的职业健康检查。劳动者离岗前90日内的在岗期间的职业健康检查可以视为离岗时的职业健康检查。

用人单位对未进行离岗时职业健康检查的劳动者，不得解除或者终止与其订立的劳动合同。

（8）如实告知。

用人单位应当及时将职业健康检查结果及职业健康检查机构的建议以书面形式如实告知劳动者。

（9）用人单位根据职业健康检查报告采取的措施：

1）对有职业禁忌的劳动者，调离或者暂时脱离原工作岗位；

2）对健康损害可能与所从事的职业相关的劳动者，进行妥善安置；

3）对需要复查的劳动者，按照职业健康检查机构要求的时间安排复查和医学观察；

4）对疑似职业病病人，按照职业健康检查机构的建议安排其进行医学观察或者职业病诊断；

5）对存在职业病危害的岗位，立即改善劳动条件，完善职业病防护设施，为劳动者配备符合国家标准的职业病危害防护用品。

（10）职业病报告。

职业健康监护中出现新发生职业病（职业中毒）或者两例以上疑似职业病（职业中毒）的，用人单位应当及时向所在地安全生产监督管理部门报告。

（11）职业健康监护档案。

用人单位应当为劳动者个人建立职业健康监护档案，并按照有关规定妥善保存。职业健康监护档案包括下列内容：

1）劳动者姓名、性别、年龄、籍贯、婚姻、文化程度、嗜好等情况；

2）劳动者职业史、既往病史和职业病危害接触史；

3）历次职业健康检查结果及处理情况；

4）职业病诊疗资料；

5）需要存入职业健康监护档案的其他有关资料。

安全生产行政执法人员、劳动者或者其近亲属、劳动者委托的代理人有权查阅、复印劳动者的职业健康监护档案。

劳动者离开用人单位时，有权索取本人职业健康监护档案复印件，用人单位应当如实、无偿提供，并在所提供的复印件上签章。

三、接触粉尘人员的职业健康体检规定

（引自 GBZ 188—2007《职业健康监护技术规范》）

1. 接触矽尘作业人员的职业健康体检要求

（1）接触矽尘作业人员在上岗前、在岗期间和离岗前均应进行职业健康体检。

（2）在岗期间健康检查周期：

1）劳动者接触二氧化硅粉尘浓度符合国家卫生标准，每2年1次；劳动者接触二氧化硅粉尘浓度超过国家卫生标准，每1年1次；

2）X射线胸片表现为0+作业人员医学观察时间为每年1次，连续观察5年，若5年内不能确诊为矽肺患者，应按一般接触人群进行检查；

3）矽肺患者每年检查1次。

2. 接触煤尘（包括煤矽尘）作业人员的职业健康体检要求

（1）接触煤尘（包括煤矽尘）作业人员在上岗前、在岗期间和离岗前均应进行职业健康体检。

（2）在岗期间健康检查周期。

1）劳动者接触煤尘浓度符合国家卫生标准，每3年1次；劳动者接触煤尘浓度超过国家卫生标准，每2年1次。

2）X射线胸片表现为0+作业人员医学观察时间为每年1次，连续观察5年，若5年内不能确诊为煤工尘肺患者，应按一般接触人群进行检查。

3）煤工尘肺患者每1～2年检查1次。

3. 接触其他粉尘作业人员的职业健康体检要求

其他粉尘指除矽尘、煤尘和石棉粉尘以外按现行国家职业病目录中可以引起尘肺病的其他矿物性粉尘，包括：炭黑粉尘、石墨粉尘、滑石粉尘、云母粉尘、水泥粉尘、铸造粉尘、陶瓷粉尘、铝尘（铝、铝矾土、氧化铝）、电焊烟尘等粉尘。

（1）接触其他粉尘作业人员在上岗前、在岗期间和离岗前均应进行职业健康体检。

（2）在岗期间健康检查周期：

1）劳动者接触粉尘浓度符合国家卫生标准，每4年1次，劳动者接触粉尘浓度超过国家卫生标准，每2～3年1次。

2）X射线胸片表现为0+的作业人员医学观察时间为每年1次，连续观察5年，若5年内不能确诊为尘肺患者，应按一般接触人群进行检查。

3）尘肺患者每1～2年进行1次医学检查。

模 拟 试 题 及 考 点

★1. 以下情况中，用人单位应当设置或者指定职业卫生管理机构或者组织，配备专职职业卫生管理人员的是_____。

A. 职业病危害不严重，劳动者110人　　　B. 职业病危害不严重，劳动者80人

C. 职业病危害严重，劳动者20人　　　　D. 职业病危害严重，劳动者40人

【考点】"一、用人单位的职业卫生职责"。

2. 产生职业病危害的用人单位工作场所应当符合的基本要求，不包括_____。

A. 有害作业与无害作业分开

B. 工作场所与生活场所分开

C. 职业病危害因素的强度或者浓度符合国家职业卫生标准

D. 有与电气事故预防相适应的有效设施

E. 有配套的洗浴间等卫生设施

【考点】"一、用人单位的职业卫生职责"。

3. 产生职业病危害的用人单位，应当在醒目位置设置_____，公布有关职业病防治的规章制度、操作规程、应急救援措施和职业病危害因素检测结果；存在或者产生职业病危害

的工作场所，在醒目位置设置_____；存在或产生高毒物品的作业岗位，应当在醒目位置设置高毒物品_____。

A. 警示标识，公告栏，告知卡
B. 公告栏，警示标识，告知卡
C. 公告栏，告知卡，警示标识
D. 告知卡，公告栏，警示标识

【考点】"一、用人单位的职业卫生职责"。

4. 存在可能发生急性职业损伤的有毒、有害工作场所，用人单位应当设置_____；在可能突然泄漏或者逸出大量有害物质的密闭或者半密闭工作场所，还应当安装_____。

A. 报警装置，事故通风装置以及与事故排风系统相连锁的泄漏报警装置
B. 事故通风装置，与事故排风系统相连锁的泄漏报警装置
C. 事故通风装置，与事故排风系统相连锁的泄漏报警装置
D. 报警装置，与事故排风系统相连锁的泄漏报警装置

【考点】"一、用人单位的职业卫生职责"。

5. _____的用人单位，应当委托具有相应资质的职业卫生技术服务机构，每年至少进行一次职业病危害因素检测；_____的用人单位，还应当委托具有相应资质的职业卫生技术服务机构，每三年至少进行一次职业病危害现状评价。

A. 存在职业病危害，职业病危害种类较多
B. 存在职业病危害，职业病危害严重
C. 职业病危害种类较多，职业病危害严重
D. 职业病危害种类较多，存在职业病危害

【考点】"一、用人单位的职业卫生职责"。

6. 工作场所使用_____的生产经营单位，应当按照有关规定向安全生产监督管理部门申请办理职业卫生安全许可证。

A. 危险化学品　　　B. 有毒物品　　　C. 爆炸品　　　D. 放射性物品

【考点】"一、用人单位的职业卫生职责"。

★7. 下述中错误的有_____。

A. 医疗卫生机构承担职业病诊断，应当经省级人民政府卫生行政部门批准
B. 医疗卫生机构承担职业病诊断，应当经省级人民政府安全生产监督管理部门批准
C. 没有证据否定职业病危害因素与病人临床表现之间的必然联系的，应当诊断为职业病
D. 当有证据表明职业病危害因素与病人临床表现之间有必然联系的，才能诊断为职业病

【考点】"二、职业健康监护"。

8. 用人单位不得安排_____从事接触职业病危害的作业；不得安排_____的女职工从事对本人和胎儿、婴儿有危害的作业。

A. 未成年工，孕期、哺乳期
B. 未成年人，经期、产期
C. 未成年工，经期、产期
D. 未成年人，孕期、哺乳期

【考点】"二、职业健康监护"。

9. 用人单位应当及时将职业健康检查结果及职业健康检查机构的建议以_____形式如实告知劳动者。

A. 大会宣布 　　　　B. 口头通知 　　　　C. 书面 　　　　D. 公告

【考点】"二、职业健康监护"。

★10. 职业健康检查指劳动者_____的职业健康检查。

A. 上岗前 　　　　B. 在岗期间 　　　　C. 临时 　　　　D. 应急

E. 离岗时

【考点】"二、职业健康监护"。

★11. 用人单位根据职业健康检查报告采取的措施有_____。

A. 对有职业禁忌的劳动者，调离或者暂时脱离原工作岗位

B. 对健康损害可能与所从事的职业相关的劳动者，进行妥善安置

C. 对需要复查的劳动者，按照职业健康检查机构的建议安排其进行医学观察或者职业病诊断

D. 对疑似职业病病人，按照职业健康检查机构要求的时间安排复查和医学观察

E. 对存在职业病危害的岗位，立即改善劳动条件，完善职业病防护设施

【考点】"二、职业健康监护"。

12. _____无权查阅、复印劳动者的职业健康监护档案。

A. 劳动者或者其近亲属 　　　　B. 用人单位工会主席

C. 劳动者委托的代理人 　　　　D. 安全生产行政执法人员

【考点】"二、职业健康监护"。

13. 《职业健康监护技术规范》规定，在岗期间劳动者接触二氧化硅粉尘浓度符合国家卫生标准，每_____年进行1次健康检查。

A. 0.5 　　　　B. 1 　　　　C. 2 　　　　D. 3

【考点】"三、接触粉尘人员的职业健康体检规定"。

14. 《职业健康监护技术规范》规定，如在岗期间劳动者接触二氧化硅粉尘浓度超过国家卫生标准，每_____年进行1次健康检查。

A. 0.5 　　　　B. 1 　　　　C. 2 　　　　D. 3

【考点】"三、接触粉尘人员的职业健康体检规定"。

15. 《职业健康监护技术规范》规定，矽肺患者在岗期间每_____年进行1次健康检查。

A. 0.5 　　　　B. 1 　　　　C. 2 　　　　D. 3

【考点】"三、接触粉尘人员的职业健康体检规定"。

16. 《职业健康监护技术规范》规定，如在岗期间劳动者接触煤尘浓度超过国家卫生标准，每_____年进行1次健康检查。

A. 0.5 　　　　B. 1 　　　　C. 2 　　　　D. 3

【考点】"三、接触粉尘人员的职业健康体检规定"。

17.《职业健康监护技术规范》规定，煤工尘肺患者在岗期间每_____年进行 1 次健康检查。

　　A. 0.5　　　　　　　　B. 1～2　　　　　　　C. 3　　　　　　　　　D. 4

【考点】"三、接触粉尘人员的职业健康体检规定"。

第六章

应 急 管 理

第一节 预 警 系 统

一、事故预警的任务和特点

预警：在事故发生前进行预先警告，即对将来可能发生的危险进行事先的预报，提请相关当事人注意。

预警机制的作用：超前反馈、及时布置、防风险于未然，最大限度地降低由于事故发生对生命造成的侵害、对财产造成的损失。

1. 任务

完成对各种事故征兆的监测、识别、诊断与评价，及时报警，并根据预警分析的结果对事故征兆的不良趋势进行矫正、预防与控制。

2. 特点

（1）快速性。灵敏快速地进行信息搜集、传递、处理、识别和发布。

（2）准确性。对复杂多变的信息做出准确的判断。（事先针对各种事故制定出科学、实用的信息判断标准和确认程序，并严格按照制定的标准和程序进行判断）

（3）公开性。事故信息一经确认，就必须客观、如实地向企业和社会公开发布预警信息。

（4）完备性。预警系统应能全面收集与事故相关的各类信息，从不同角度、不同层面全过程地分析事故征兆的发展态势。

（5）连贯性。每一次风险分析应以上一次的风险分析为基础，实现预警预报的闭环，紧密衔接。

二、建立事故预警机制的原则

（1）及时性原则。

（2）全面性原则：对生产活动的各个领域全面监测。

（3）高效性原则。

（4）引导性原则：在事故、灾害降临前，提醒或引导人们应该这么做。

三、企业安全生产预警管理体系

一个完整的安全生产预警管理体系应由外部环境预警系统、内部管理不良的预警系统、预警信息管理系统和事故预警系统构成。

1. 外部环境预警系统

（1）自然环境变化的预警。

（2）国家安全生产政策法规变化的预警。

（3）企业技术工艺、装备等物的因素变化的预警。

2. 内部管理不良预警

（1）质量管理不良预警。

（2）设备管理预警。

（3）人的行为活动管理预警。

3. 预警信息管理系统

监测外部环境与内部管理的信息，包括信息收集、处理、辨伪、存储、推断等过程。

4. 事故预警系统

当事故难以控制时发出警告，并提供对策措施和建议。

四、预警系统的组成及功能

1. 预警系统的组成

预警系统主要由预警分析系统和预控对策系统两部分组成。其中预警分析系统主要包括监测系统、预警信息系统、预警评价指标体系系统、预测评价系统等组成。

2. 预警分析系统的功能

（1）监测系统。完成实时信息采集，并将采集信息送入计算机处理，处理结果输出到外围设备上，供预警信息系统分析使用。

（2）预警信息系统。

由信息网、中央处理系统和信息判断系统组成，完成以下活动：信息收集，信息处理（分类、整理、统计等），信息辨伪，信息存储，信息推断。

预警信息系统要求信息基础管理工作满足规范化、标准化、统一化、程序化的要求。

（3）预警评价指标体系系统。

1）预警评价指标，包括确定人的安全可靠性指标，生产过程的环境安全性指标，安全管理有效性的指标，机（物）安全可靠性指标。

2）预警准则，指一套判别标准或准则，用来决定在不同预警级别情况下，是否应当发出警报以及发出何种程度的警报。预警准则的设置要把握尺度，避免设置过松导致漏警和设置过严导致误警。

漏警：预警系统未曾发出某警报而事故最终发生。

误警：系统发出某事故警报，而该事故未出现；或虽出现，但发生的级别与预报的程度相差一个等级。

3）确定预警阈值。

（4）预测评价系统。

1）评价对象是导致事故发生的人、机、环、管等方面的因素。

2）预测系统的功能是进行必要的未来预测，主要包括对现有信息的趋势预测、对相关因素的相互影响进行预测、对征兆信息的可能结果进行预测、对偶发事件的发生概率、发生时间、持续时间、作用高峰期以及预期影响进行预测等。

3）预警系统信号输出及级别。

给出预警系统信号输出和相应的预警级别。

预警级别及其信号（颜色）表示：

Ⅰ级预警，表示安全状况特别严重，用红色表示；

Ⅱ级预警，表示受到事故的严重威胁，用橙色表示；

Ⅲ级预警，表示处于事故的上升阶段，用黄色表示；

Ⅳ级预警，表示生产活动处于正常状态，用蓝色表示。

预警信号输出和预警级别表示方法有时序性的预警信号输出和安全风险预警信号输出两种。严重程度等级根据有关行业标准和实际情况可分为多级。

五、预警系统的实现

1. 预警分析

（1）监测。对安全生产中的薄弱环节和重要环节进行全方位、全过程的监测，同时收集各种事故征兆，并建立相应数据库；对大量的监测信息进行处理（整理、分类、存储、传输），建立信息档案，进行历史的和技术的比较。

（2）识别。应有"适宜"的识别指标，判断已经发生的异常征兆、可能的连锁反应。

（3）诊断。在诸多致灾因素中找出危险性最高、危害程度最严重的主要因素，并对其成因进行分析，对发展过程及可能的发展趋势进行准确定量的描述。

（4）评价。对已被确认的主要事故征兆进行描述性评价，判断此时生产所处状态是正常、警戒，还是危险、极度危险、危机状态，并把握其发展趋势，在必要时准确报警。

2. 预警对策

完成对事故征兆的不良趋势进行纠错和治错的功能。

六、预控对策

预控对策包括组织准备、日常监控和事故危机管理三个活动阶段。

1. 组织准备

（1）预警功能的组织管理体系。

将预警功能有机地构建于传统的企业组织系统之内，集正常活动的防错、纠错和事故状态下的预警于一身。

（2）预警机构。

成立安全预警部，其中心任务是建设、维护企业的预警管理系统，指导企业各关键岗位的预警、预控工作。

2. 日常监控

日常监控活动的对象是在预警分析中确定的事故隐患，这些事故隐患既可以被日常对策所控制和矫正，也可以因失控而导致企业生产处于事故危机状态。

（1）日常对策：对事故征兆（现象）进行纠正活动，防止该现象的扩展蔓延。

（2）事故危机模拟：发现难以有效控制的事故征兆（现象）后对可能发生的事故状态进行假设和模拟，并提出对策方案，为进入"事故危机管理"阶段做好准备。

3. 事故的危机管理

事故的危机管理是日常监控活动无法有效扭转危险状态的发展，企业生产活动陷入危机状态时采取的一种特殊性质的管理，以特别危机计划、特别领导小组、紧急救援体系等介入企业领导管理过程。

一旦危机状态恢复到可控状态，危机管理的任务便告完成。

模 拟 试 题 及 考 点

★1. 事故预警的特点有_____。

A. 快速性　　　　　　B. 准确性　　　　　　C. 保密性　　　　　　D. 完备性

【考点】"一、事故预警的任务与特点"。

2. 预警机制不具有_____的作用。

A. 及时布置　　　　　B. 消除事故原因　　　C. 防风险于未然　　　D. 降低事故损失

【考点】"一、事故预警的任务与特点"。

3. 企业预警管理体系中的事故预警系统_____。

A. 对企业技术工艺、装备等物的因素变化预警

B. 对人的行为活动管理预警

C. 进行信息收集、处理、辨伪、存储、推断等过程

D. 当事故难以控制时发出警告，并提供对策措施和建议

E. 阻断各种事故的发生

【考点】"三、企业安全生产预警管理体系"。

4. 在预警系统中，信息处理（分类、整理、统计等）属于_____的功能。

A. 监测系统　　　　　　　　　　　B. 预警信息系统

C. 预警评价指标体系系统　　　　　D. 预测评价系统

【考点】"四、预警系统的组成及功能"。

★5. 预警评价指标有_____。

A. 人的安全可靠性指标　　　　　　B. 生产过程的环境安全性指标

C. 安全监察有效性的指标　　　　　D. 机（物）安全可靠性指标

E. 安全管理有效性的指标

【考点】"四、预警系统的组成及功能"。

6. 预警准则的设置要把握尺度，避免设置过松导致_____和设置过严导致_____。

A. 误警，漏警　　　　　　　　　　B. 漏警，误警

C. 减警，增警　　　　　　　　　　D. 增警，减警

【考点】"四、预警系统的组成及功能"。

7. 表示处于事故的上升阶段的信号输出是_____色，级别为_____级。

A. 红，Ⅰ级
B. 橙，Ⅱ级
C. 黄，Ⅲ级
D. 蓝，Ⅳ级

【考点】"四、预警系统的组成及功能"。

★8. 预警分析包括的环节有_____。

A. 监测
B. 识别
C. 诊断
D. 推论
E. 评价

【考点】"五、预警系统的实现"。

★9. 预控对策的三个活动阶段是_____。

A. 组织准备　　　B. 对策研讨　　　C. 日常监控　　　D. 事故危机管理

【考点】"六、预控对策"。

10. 日常监控活动的对象是在预警分析中确定的事故隐患，当某种事故隐患失控后无法有效扭转，企业应当_____。

A. 采取日常对策，进行纠正活动，防止其扩展蔓延

B. 进行事故危机模拟，并提出对策方案

C. 进入事故的危机管理

D. 进行事故原因分析

【考点】"六、预控对策"。

第二节　事故应急管理体系

一、事故应急救援的基本任务与特点

1. 基本任务

（1）立即组织营救受害人员，组织撤离或者采取其他措施保护危害区域内的其他人员。

（2）迅速控制事态，防止事故影响范围继续扩大，并测定事故的危害区域、危害性质及危害程度。

（3）消除危害后果（采取封闭、隔离、洗消等措施，防止对人和环境的继续危害），做好现场恢复。

（4）查清事故原因，评估危害程度。

2. 特点

（1）不确定性和突发性。

（2）应急活动的复杂性。

（3）后果、影响易猝变、激化和放大。

上述特点要求应急救援行动必须做到迅速、准确和有效：

迅速：建立快速应急响应机制，迅速准确地传递事故信息，迅速地调集所需的应急资源，迅速建立统一指挥与协调系统，开展救援活动；

准确：有相应的应急决策机制，能基于事故的规模、性质、特点、现场环境等信息，正确预测其发展趋势，准确地对应急救援行动和战术进行决策；

有效：应急救援行动的有效性很大程度上取决于应急准备的充分性，包括应急队伍的建设与训练，应急设备和物资的配备与维护，预案落实情况，以及有效的外部增援机制等。

二、应急管理的四个阶段

应急管理的四个阶段是"预防、准备、响应、恢复"。

1. 预防

通过安全管理和安全技术等手段，尽可能防止事故的发生；在假定事故必然发生的前提下，通过预先采取的预防措施，降低或减缓事故的影响或后果严重程度（如加大建筑物的安全距离、工厂选址的安全规划、减少危险物品的存量、设置防护墙、开展公众教育等）。

2. 准备

预防工作所需的意识准备和组织准备，检测预警工作所需的物资准备，响应工作所需的人员准备，恢复工作所需的资金准备等。

3. 响应

事故发生后立即采取的各种紧急处置和救援工作，包括事故的报警与通报、人员的紧急疏散、急救与医疗、消防和工程抢险措施、信息收集与应急决策和外部求援等，目标是尽可能地抢救受害人员、保护可能受威胁的人群，并尽可能控制并消除事故影响。

响应阶段包括初级响应和扩大应急。

初级响应：从预警到响应的最初阶段，是自救的最佳时机，大部分事故应在这一阶段得以控制或争取到最宝贵的时间等待救援。

扩大应急：事态扩大到超出场内救援的能力和范围，必须提高响应级别，动员更大范围内的资源进行救援。

4. 恢复

使事故影响区域恢复到相对安全的基本状态，然后逐步恢复到正常状态。短期恢复包括向受灾人员提供食品、避难所、安全保障和医疗卫生等基本服务。短期恢复中应注意避免出现新的紧急情况。长期恢复包括厂区重建和受影响区域的重新规划和建设。

三、事故应急管理体系构建

1. 事故应急救援体系的基本构成

一个完整的应急救援体系由组织体系、运行机制、法律法规体系和支持保障系统4部分构成。

组织体系包括管理机构、功能部门、应急指挥、救援队伍。

运行机制包括统一指挥、分级响应、属地为主和公众动员。

法律法规体系包括法律、行政法规、部门规章、标准等。

支持保障系统包括通信信息系统、培训演练系统、技术支持系统、物资与装备保障系统。

2. 事故应急管理体系建设原则

（1）统一领导，分级管理。

（2）条块结合，属地为主。

（3）统筹规划，合理布局。

（4）依托现有，资源共享。

（5）一专多能，平战结合。

（6）功能实用，技术先进。

（7）整体设计，分步实施。

3. 事故应急响应机制

（1）一级紧急情况。必须利用所有有关部门及一切资源的紧急情况，或者需要各个部门同外部机构联合处理的各种紧急情况，通常要宣布进入紧急状态。

（2）二级紧急情况。需要两个或更多个部门响应的紧急情况。该事故的救援需要有关部门的协作，并且提供人员、设备或其他资源。该级响应需要成立现场指挥部来统一指挥现场的应急救援行动。

（3）三级紧急情况。能被一个部门正常可利用的资源处理的紧急情况。正常可利用的资源指在该部门权力范围内通常可以利用的应急资源，包括人力和物力等。必要时，该部门可以建立一个现场指挥部，所需的后勤支持、人员或其他资源增援由本部门负责解决。

4. 应急救援响应程序

应急救援响应程序可分为接警与响应级别确定、应急启动、救援行动、应急恢复和应急结束几个过程。

模 拟 试 题 及 考 点

★1. 事故应急救援的基本任务包括_____。

A. 立即组织营救受害人员，组织撤离或保护危害区域内的其他人员

B. 迅速控制事态，测定事故的危害区域、危害性质及危害程度

C. 消除危害后果，做好现场恢复

D. 查清事故原因，评估危害程度

E. 处理事故责任人

【考点】"一、事故应急救援的基本任务与特点"。

★2. 根据重大事故发生的特点，应急救援的特点是行动必须做到_____。

A. 迅速　　　　　　B. 准确　　　　　　C. 完善　　　　　　D. 有效

【考点】"一、事故应急救援的基本任务与特点"。

3. 应急管理是一个动态的过程，包括四个阶段，依次为_____。

A. 准备、预防、响应和恢复　　　　　B. 准备、响应、恢复和预防

C. 准备、响应、预防和恢复　　　　　D. 预防、准备、响应和恢复

【考点】"二、应急管理的四个阶段"。

4. 在事故应急管理过程中，应急队伍的建设属于应急管理的_____过程。

A. 预防　　　　　B. 准备　　　　　C. 响应　　　　　D. 恢复

【考点】"二、应急管理的四个阶段"。

5. 在事故应急管理过程中，工厂选址的安全规划属于应急管理的_____过程。

A. 预防　　　　　B. 准备　　　　　C. 响应　　　　　D. 恢复

【考点】"二、应急管理的四个阶段"。

6. 一个完整的事故应急救援体系通常由_____构成。

A. 组织体系、运行机制、法律法规体系、评估体系

B. 组织体系、应急预案、运行机制、支持保障系统

C. 组织体系、支持保障系统、应急预案、评估体系

D. 组织体系、运行机制、法律法规体系、支持保障系统

【考点】"三、事故应急管理体系构建"。

7. 按紧急情况的规模和应急力量的动员规模将事故应急救援分为三个响应级别，其中一级响应级别是指_____，或者需要各个部门同外界的机构联合起来处理各种紧急情况，通常要宣布进入紧急状态。

A. 必须利用所有有关部门及一切资源的紧急情况

B. 不需要外部专业应急救援机构介入的紧急情况

C. 能被一个部门正常可利用的资源处理的紧急情况

D. 需要两个或更多个部门协作响应的紧急情况

【考点】"三、事故应急管理体系构建"。

8. 应急救援响应程序不包含_____。

A. 应急响应级别确定　　　　　B. 应急启动

C. 应急通信保障　　　　　D. 急救与医疗

E. 应急恢复

【考点】"三、事故应急管理体系构建"。

第三节　事故应急预案编制

本节内容来源于 GB/T 29639—2013《生产经营单位生产安全事故应急预案编制导则》和《生产安全事故应急预案管理办法》（原国家安全生产监督管理总局）。

一、应急预案体系

1. 综合应急预案

综合应急预案是生产经营单位应急预案体系的总纲，主要从总体上阐述事故的应急工作原则，包括生产经营单位的应急组织机构及职责、应急预案体系、事故风险描述、预警及信息报告、应急响应、保障措施、应急预案管理等内容。

2. 专项应急预案

专项应急预案是生产经营单位为应对某一类型或某几种类型事故，或者针对重要生产设施、重大危险源、重大活动等内容而制定的应急预案。专项应急预案主要包括事故风险分析、应急指挥机构及职责、处置程序和措施等内容。

3. 现场处置方案

现场处置方案是生产经营单位根据不同事故类别，针对具体的场所、装置或设施所制定的应急处置措施，主要包括事故风险分析、应急工作职责、应急处置和注意事项等内容。

风险因素单一的小微型生产经营单位可只编写现场处置方案。

二、事故应急预案编制的基本要求

（1）符合有关法律、法规、规章和标准的规定。
（2）本地区、本部门、本单位的安全生产实际情况。
（3）本地区、本部门、本单位的危险性分析情况。
（4）应急组织和人员的职责分工明确，并有具体的落实措施。
（5）有明确、具体的应急程序和处置措施，并与其应急能力相适应。
（6）有明确的应急保障措施，满足本地区、本部门、本单位的应急工作需要。
（7）预案基本要素齐全、完整，应急预案附件提供的信息准确。
（8）应急预案内容与相关应急预案相互衔接。

三、事故应急预案编制程序

1. 成立应急预案编制工作组

生产经营单位应结合本单位部门职能和分工，成立以单位主要负责人（或分管负责人）为组长，单位相关部门人员参加的应急预案编制工作组，明确工作职责和任务分工，制定工作计划，组织开展应急预案编制工作。

2. 资料收集

应急预案编制工作组应收集与预案编制工作相关的法律法规、技术标准、应急预案、国内外同行业企业事故资料，同时收集本单位安全生产相关技术资料、周边环境影响、应急资源等有关资料。

3. 风险评估

（1）分析生产经营单位存在的危险因素，确定事故危险源。
（2）分析可能发生的事故类型及后果，并指出可能产生的次生、衍生事故。
（3）评估事故的危害程度和影响范围，提出风险防控措施。

4. 应急能力评估

在全面调查和客观分析生产经营单位应急队伍、装备、物资等应急资源状况基础上开展应急能力评估，并依据评估结果，完善应急保障措施。

5. 编制应急预案

依据生产经营单位风险评估及应急能力评估结果，组织编制应急预案。应急预案编制应注重系统性和可操作性，做到与相关部门和单位应急预案相衔接。

6. 应急预案评审

应急预案编制完成后，生产经营单位应组织评审。评审分为内部评审和外部评审，内部评审由生产经营单位主要负责人组织有关部门和人员进行。外部评审由生产经营单位组织外部有关专家和人员进行评审。应急预案评审合格后，由生产经营单位主要负责人（或分管负责人）签发实施，并进行备案管理。

四、应急预案主要内容

以下内容摘自 GB/T 29639—2013《生产经营单位生产安全事故应急预案编制导则》。

6　综合应急预案主要内容

6.1　总则

6.1.1　编制目的

简述应急预案编制的目的。

6.1.2　编制依据

简述应急预案编制所依据的法律、法规、规章、标准和规范性文件以及相关应急预案等。

6.1.3　适用范围

说明应急预案适用的工作范围和事故类型、级别。

6.1.4　应急预案体系

说明生产经营单位应急预案体系的构成情况，可用框图形式表述。

6.1.5　应急工作原则

说明生产经营单位应急工作的原则，内容应简明扼要、明确具体。

6.2　事故风险描述

简述生产经营单位存在或可能发生的事故风险种类、发生的可能性以及严重程度及影响范围等。

6.3　应急组织机构及职责

明确生产经营单位的应急组织形式及组成单位或人员，可用结构图的形式表示，明确构成部门的职责。应急组织机构根据事故类型和应急工作需要，可设置相应的应急工作小组，并明确各小组的工作任务及职责。

6.4　预警及信息报告

6.4.1　预警

根据生产经营单位监测监控系统数据变化状况、事故险情紧急程度和发展势态或有关部门提供的预警信息进行预警，明确预警的条件、方式、方法和信息发布的程序。

6.4.2　信息报告

信息报告程序主要包括：

a）信息接收与通报

明确 24 小时应急值守电话、事故信息接收、通报程序和责任人。

b）信息上报

明确事故发生后向上级主管部门、上级单位报告事故信息的流程、内容、时限和责任人。

c）信息传递

明确事故发生后向本单位以外的有关部门或单位通报事故信息的方法、程序和责任人。

6.5 应急响应

6.5.1 响应分级

针对事故危害程度、影响范围和生产经营单位控制事态的能力，对事故应急响应进行分级，明确分级响应的基本原则。

6.5.2 响应程序

根据事故级别和发展态势，描述应急指挥机构启动、应急资源调配、应急救援、扩大应急等响应程序。

6.5.3 处置程序

针对可能发生的事故风险、事故危害程度和影响范围，制定相应的应急处置措施，明确处置原则和具体要求。

6.5.4 应急结束

明确现场应急响应结束的基本条件和要求。

6.6 信息公开

明确向有关新闻媒体、社会公众通报事故信息的部门、负责人和程序以及通报原则。

6.7 后期处置

主要明确污染物处理、生产秩序恢复、医疗救治、人员安置、善后赔偿、应急救援评估等内容。

6.8 保障措施

6.8.1 通信与信息保障

明确可为生产经营单位提供应急保障的相关单位及人员通信联系方式和方法，并提供备用方案。同时，建立信息通信系统及维护方案，确保应急期间信息畅通。

6.8.2 应急队伍保障

明确应急响应的人力资源，包括应急专家、专业应急队伍、兼职应急队伍等。

6.8.3 物资装备保障

明确生产经营单位的应急物资和装备的类型、数量、性能、存放位置、运输及使用条件、管理责任人及其联系方式等内容。

6.8.4 其他保障

根据应急工作需求而确定的其他相关保障措施（例如：经费保障、交通运输保障、治安保障、医疗保障、后勤保障等）。

6.9 应急预案管理

6.9.1 应急预案培训

明确对生产经营单位人员开展的应急预案培训计划、方式和要求，使有关人员了解相关应急预案内容，熟悉应急职责、应急程序和现场处置方案。如果应急预案涉及社区和居民，要做好宣传教育和告知等工作。

6.9.2 应急预案演练

明确生产经营单位不同类型应急预案演练的形式、范围、频次、内容以及演练评估、总结等要求。

6.9.3 应急预案修订

明确应急预案修订的基本要求，并定期进行评审，实现可持续改进。

6.9.4 应急预案备案

明确应急预案的报备部门，并进行备案。

6.9.5 应急预案实施

明确应急预案实施的具体时间、负责制定与解释的部门。

7 专项应急预案主要内容

7.1 事故风险分析

针对可能发生的事故风险，分析事故发生的可能性以及严重程度、影响范围等。

7.2 应急指挥机构及职责

根据事故类型，明确应急指挥机构总指挥、副总指挥以及各成员单位或人员的具体职责。应急指挥机构可以设置相应的应急救援工作小组，明确各小组的工作任务及主要负责人职责。

7.3 处置程序

明确事故及事故险情信息报告程序和内容、报告方式和责任人等内容。根据事故响应级别，具体描述事故接警报告和记录、应急指挥机构启动、应急指挥、资源调配、应急救援、扩大应急等应急响应程序。

7.4 处置措施

针对可能发生的事故风险、事故危害程度和影响范围，制定相应的应急处置措施，明确处置原则和具体要求。

8 现场处置方案主要内容

8.1 事故风险分析

主要包括：

a）事故类型；

b）事故发生的区域、地点或装置的名称；

c）事故发生的可能时间、事故的危害严重程度及其影响范围；

d）事故前可能出现的征兆；

e）事故可能引发的次生、衍生事故。

8.2 应急工作职责

根据现场工作岗位、组织形式及人员构成，明确各岗位人员的应急工作分工和职责。

8.3 应急处置

主要包括以下内容：

a）事故应急处置程序。根据可能发生的事故及现场情况，明确事故报警、各项应急措施启动、应急救护人员的引导、事故扩大及同生产经营单位应急预案的衔接的程序。

b）现场应急处置措施。针对可能发生的火灾、爆炸、危险化学品泄漏、坍塌、水患、机动车辆伤害等，从人员救护、工艺操作、事故控制、消防、现场恢复等方面制定明确的应急处置措施。

c）明确报警负责人以及报警电话及上级管理部门、相关应急救援单位联络方式和联系人员，事故报告基本要求和内容。

8.4　注意事项

主要包括：

a）佩戴个人防护器具方面的注意事项；

b）使用抢险救援器材方面的注意事项；

c）采取救援对策或措施方面的注意事项；

d）现场自救和互救注意事项；

e）现场应急处置能力确认和人员安全防护等事项；

f）应急救援结束后的注意事项；

g）其他需要特别警示的事项。

9　附件

9.1　有关应急部门、机构或人员的联系方式

9.2　应急物资装备的名录或清单

9.3　规范化格式文本

9.4　关键的路线、标识和图纸

9.5　有关协议或备忘录

模拟试题及考点

1. 专项应急预案_____。

A. 从总体上阐述处置事故的应急方针、政策，应急组织结构及相关应急职责，应急行动、措施和保障等基本要求和程序

B. 是针对具体的装置、场所或设施、岗位所制定的应急处置措施

C. 是针对具体的事故类别而制定的应急预案

D. 是针对具体的区域而制定的应急预案或方案

【考点】"一、2. 专项应急预案"。

2. 某轿车公司涂装车间针对本车间范围内可控的火灾和苯中毒制定的应急预案属于

_____。

A. 综合应急预案　　　B. 专项应急预案　　　C. 现场处置方案　　　D. 单项应急预案

【考点】"一、应急预案体系"。

3. 某企业每半年更新一次应急人员联系电话，这体现了事故应急预案编制中，关于_____的基本要求。

A. 应急组织和人员职责分工明确，并有具体的落实措施

B. 结合本单位危险性分析情况

C. 有明确、具体的的应急程序和处置措施

D. 应急预案附件提供的信息准确

【考点】"二、事故应急预案编制的基本要求"。

★4. 生产经营单位在编制应急预案前要进行风险评估，其内容有_____。

A. 分析单位存在的危险因素，确定事故危险源

B. 分析可能发生的事故类型及后果，并指出可能产生的次生、衍生事故

C. 分析单位应急队伍、装备、物资等应急资源状况

D. 评估事故的危害程度和影响范围，提出风险防控措施

【考点】"三、3. 风险评估"。

5. 某厂应急预案中规定了如下应急救援机构和人员的职责，其中不必要的是_____。

A. 应急救援总指挥　　　　　　　B. 抢险救援组

C. 医疗救护组　　　　　　　　　D. 事故现场报警人

E. 善后组

【考点】"四、6.3　应急组织机构及职责"。

★6. 企业综合应急预案中应急响应的级别不同，意味着_____的不同。

A. 应急救援总指挥的级别

B. 企业应急工作原则

C. 调动应急救援资源的范围

D. 需要疏散时的路线和目的地

【考点】"四、6.3　应急组织机构及职责"。

7. 企业应急队伍保障明确应急响应的人力资源，其中不包括_____。

A. 专业应急队伍　　　　　　　　B. 兼职应急队伍

C. 来自外部的应急专家　　　　　D. 当地政府主管部门

【考点】"四、6.8.2　应急队伍保障"。

8. 专项应急预案中的处置程序，不包括_____的内容。

A. 应急指挥　　　　　　　　　　B. 应急指挥机构及职责

C. 资源调配　　　　　　　　　　D. 应急救援

E. 扩大应急

【考点】"四、7.3　处置程序"。

9. 现场处置方案中的应急处置，不包括_____的内容。

A. 应急工作原则

B. 明确报警负责人、报警电话及事故报告基本要求

C. 事故应急处置程序

D. 现场应急处置措施

【考点】"四、8.3　应急处置"。

第四节　应急预案的演练

一、应急演练的定义、目的与原则

1. 定义

应急演练是指各级政府部门、企事业单位、社会团体，组织相关应急人员与群众，针对待定的突发事件假想情景，按照应急预案所规定的职责和程序，在特定的时间和地域，执行应急响应任务的训练活动。

2. 目的

检验预案、完善准备、锻炼队伍、磨合机制、科普宣教。

3. 原则

（1）结合实际、合理定位。

（2）着眼实战、讲求实效。

（3）精心组织、确保安全。

（4）统筹规划、厉行节约。

二、应急演练的类型

（1）按组织方式分类：分为桌面演练和实战演练等。

（2）按演练内容分类：分为单项演练和综合演练两类。

（3）按演练目的和作用分类：分为检验性演练、示范性演练和研究性演练。

不同演练组织形式、内容及目的的交叉组合，可以形成多种多样的演练方式，如：单项桌面演练、综合桌面演练、单项实战演练、综合实战演练、单项示范演练、综合示范演练等。

三、应急演练的组织与实施

一次完整的应急演练活动要包括计划、准备、实施、评估总结和改进等五个阶段。

（1）计划阶段的主要任务：明确演练需求，提出演练的基本构想和初步安排。

（2）准备阶段的主要任务：完成演练策划，编制演练总体方案及其附件，进行必要的培训和预演，做好各项保障工作安排。

（3）实施阶段的主要任务：按照演练总体方案完成各项演练活动，为演练评估总结收集信息。

（4）评估总结阶段的主要任务：评估总结演练参与单位在应急准备方面的问题和不足，

明确改进的重点，提出改进计划。

（5）改进阶段的主要任务：按照改进计划，由相关单位实施落实，并对改进效果进行监督检查。

应急演练基本流程示意图如图6-1所示。

1. 计划

一般包括演练的目的、方式、时间、地点、日程安排、演练策划领导小组和工作小组构成、经费预算和保障措施等。

2. 准备

（1）成立演练组织机构。演练组织单位要成立由相关单位领导组成的演练领导小组，通常下设策划部、保障部和评估组，并确定参演队伍和参演人员。

（2）确定演练目标。

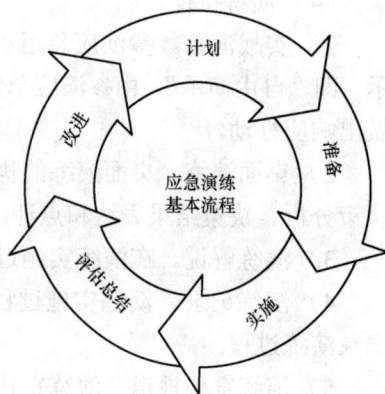

图6-1　应急演练基本流程示意图

演练目标是为实现演练目的而需完成的主要演练任务及其效果。一次演练可有若干项演练目标。

演练目标应简单、具体、可量化、可实现。

（3）演练情景事件（为演练而假设的一系列突发事件）设计。

（4）演练流程设计：将所有情景事件及相应的应急处置行动按时间顺序有机衔接。

（5）技术保障方案设计。

（6）评估标准和方法选择。演练评估应以演练目标为基础。每项演练目标都要设计合理的评估项目和评估方法、标准。

（7）编写演练方案文件。主要包括演练总体方案及其相关附件。根据演练类别和规模的不同，演练总体方案的附件一般有演练人员手册、演练控制指南、技术保障方案和脚本、演练评估指南、演练脚本和解说词等。

（8）方案审批。演练方案文件编制完成后，应按相关管理要求，报有关部门审批。

（9）落实各项保障工作。为了按照演练方案顺利安全实施演练活动，应切实做好人员、经费、场地、物资器材、技术和安全方面的保障工作。

（10）培训。

在演练方案批准后至演练开始前，所有演练参与人员都要经过应急基本知识、演练基本概念、演练现场规则、应急预案、应急技能及个体防护装备使用等方面的培训。

1）对控制人员要进行岗位职责、演练过程控制和管理等方面的培训；

2）对评估人员要进行岗位职责、演练评估方法、工具使用等方面的培训；

3）对参演人员要进行应急预案、应急技能及个体防护装备使用等方面的培训。

（11）大型综合性演练正式实施前的预演。预演遵循先易后难、先分解后合练、循序渐进的原则。

3. 实施

（1）演练前检查。检查设备设施，确保性能正常；对进入演练场所的人员进行登记和身份核查，防止无关人员进入。

（2）演练前情况说明和动员。导演组分别召开控制人员、演练人员、评估人员的情况介绍会，确保所有参与人员了解演练现场规则、演练情景、演练计划中与各自工作相关的内容。

（3）演练启动。

（4）演练执行。

1）实战演练。参演应急组织和人员应尽可能按实际紧急事件发生时的响应要求进行演示，即"自由演示"，由参演应急组织和人员根据自己关于最佳解决办法的理解，对情景事件做出响应行动。

2）桌面演练。桌面演练的执行通常是五个环节的循环往复：演练信息注入、问题提出、决策分析、决策结果表达和点评。

3）演练解说。在演练实施过程中，演练组织单位可以安排专人对演练过程进行解说。

4）演练记录。演练实施过程中，一般要安排专门人员，采用文字、照片和音像等手段记录演练过程。

5）演练宣传报道。演练宣传组按照演练宣传方案做好演练宣传报道工作。

（5）演练结束与意外终止。

演练完毕，由总策划发出结束信号，演练总指挥或总策划宣布演练结束。

演练实施过程中出现下列情况，经演练领导小组决定，由演练总指挥或总策划按照事先规定的程序和指令终止演练：

1）出现真实突发事件，需要参演人员参与应急处置时，要终止演练，使参演人员迅速回归其工作岗位，履行应急处置职责；

2）出现特殊或意外情况，短时间内不能妥善处理或解决时，可提前终止演练。

（6）现场点评会。演练组织单位在演练活动结束后，应组织针对本次演练现场点评会。其中包括专家点评、领导点评、演练参与人员的现场信息反馈等。

4. 评估总结

（1）评估。

演练评估是指观察和记录演练活动、比较演练人员表现与演练目标要求并提出演练发现问题的过程。

（2）总结报告。

1）召开演练评估总结会议。在演练结束后一个月内，由演练组织单位召集评估组和所有演练参与单位，讨论本次演练的评估报告，并从各自的角度总结本次演练的经验教训，讨论确认评估报告内容，并讨论提出总结报告内容，拟定改进计划，落实改进责任和时限。

2）编写演练总结报告。

在演练评估总结会议结束后，由文案组形成演练总结报告。演练参与单位也可对本单位的演练情况进行总结。

演练总结报告的内容包括：演练目的，时间和地点，参演单位和人员，演练方案概要，发现的问题与原因，经验和教训，以及改进有关工作的建议、改进计划、落实改进责任和时限等。

（3）文件归档与备案。

演练组织单位在演练结束后应将演练计划、演练方案、各种演练记录（包括各种音像资料）、演练评估报告、演练总结报告等资料归档保存。

对于由上级有关部门布置或参与组织的演练，或者法律、法规、规章要求备案的演练，演练组织单位应当将相关资料报有关部门备案。

5. 改进

（1）改进行动。包括修改完善应急预案、有针对性地加强应急人员的教育和培训、对应急物资装备有计划地更新等。

（2）跟踪检查与反馈。演练总结与讲评过程结束之后，演练组织单位和参与单位应指派专人，按规定时间对改进情况进行监督检查，确保本单位对自身暴露出的问题做出改进。

模 拟 试 题 及 考 点

★1. 应急演练按演练内容分为_____。

A. 单项演练　　　　B. 桌面演练　　　　C. 综合演练　　　　D. 实战演练

【考点】"二、应急演练的类型"。

★2. 应急演练按组织方式分为_____。

A. 单项演练　　　　B. 桌面演练　　　　C. 综合演练　　　　D. 实战演练

【考点】"二、应急演练的类型"。

3. 关于桌面演练的特点，描述不正确的是_____。

A. 一般为对演练情景进行口头演练，在会议室就能进行

B. 仅限于有限的应急响应和内部协调活动

C. 应急人员主要来自本地应急组织

D. 演练成本较高

【考点】"二、应急演练的类型"。

★4. 应急演练按目的和作用分为_____。

A. 单项演练　　　　B. 检验性演练　　　　C. 示范性演练　　　　D. 实战演练

E. 研究性演练

【考点】"二、应急演练的类型"。

★5. 一次完整的应急演练活动要包括的阶段，除了计划、准备之外，还有_____。

A. 实施　　　　　　B. 检查　　　　　　C. 评估总结　　　　D. 改进

【考点】"三、应急演练的组织与实施"。

★6. 在演练方案批准后至演练开始前，所有演练参与人员都要经过_____等方面培训。

A. 事故致因理论　　　　　　　　B. 应急基本知识

C. 演练现场规则　　　　　　　　D. 应急预案、应急技能

E. 个体防护装备使用

【考点】"三、应急演练的组织与实施"。

★7. 演练实施过程中出现_____情况，可终止演练。

A. 现场总指挥需参加紧急会议

B. 出现真实突发事件，需要参演人员参与应急处置

C. 出现特殊或意外情况，短时间内不能妥善处理或解决时

D. 某一参演人员脚部扭伤

【考点】"三、3. 实施"。

第五节　《生产安全事故应急条例》的若干规定

下述"重点生产经营单位"指：易燃易爆物品、危险化学品等危险物品的生产、经营、储存、运输单位，矿山、金属冶炼、城市轨道交通运营、建筑施工单位，以及宾馆、商场、娱乐场所、旅游景区等人员密集场所经营单位。

一、应急准备

1. 预案制定、修订及备案

县级以上人民政府及其负有安全生产监督管理职责的部门和乡、镇人民政府以及街道办事处等地方人民政府派出机关，应当针对可能发生的生产安全事故的特点和危害，进行风险辨识和评估，制定相应的生产安全事故应急救援预案，并依法向社会公布。

生产经营单位应当针对本单位可能发生的生产安全事故的特点和危害，进行风险辨识和评估，制定相应的生产安全事故应急救援预案，并向本单位从业人员公布。

有下列情形之一的，预案制定单位应当及时修订相关预案：制定预案所依据的法律、法规、规章、标准发生重大变化；应急指挥机构及其职责发生调整；安全生产面临的风险发生重大变化；重要应急资源发生重大变化；在预案演练或者应急救援中发现需要修订预案的重大问题；其他应当修订的情形。

县级以上人民政府负有安全生产监督管理职责的部门应当将其制定的预案报送本级人民政府备案；重点生产经营单位应当将其制定的预案按照国家有关规定报送县级以上人民政府负有安全生产监督管理职责的部门备案，并依法向社会公布。

2. 预案演练

县级以上地方人民政府以及县级以上人民政府负有安全生产监督管理职责的部门，乡、镇人民政府以及街道办事处等地方人民政府派出机关，应当至少每2年组织1次预案演练。

重点生产经营单位应当至少每半年组织1次生产安全事故应急救援预案演练，并将演练情况报送所在地县级以上地方人民政府负有安全生产监督管理职责的部门。

县级以上地方人民政府负有安全生产监督管理职责的部门应当对本行政区域内重点生产经营单位的预案演练进行抽查；发现演练不符合要求的，应当责令限期改正。

3. 应急救援队伍

县级以上人民政府负有安全生产监督管理职责的部门根据生产安全事故应急工作的实际

需要，在重点行业、领域单独建立或者依托有条件的生产经营单位、社会组织共同建立应急救援队伍。

国家鼓励和支持生产经营单位和其他社会力量建立提供社会化应急救援服务的应急救援队伍。

重点生产经营单位应当建立应急救援队伍；其中，小型企业或者微型企业等规模较小的生产经营单位，可以不建立应急救援队伍，但应当指定兼职的应急救援人员，并且可以与邻近的应急救援队伍签订应急救援协议。

工业园区、开发区等产业聚集区域内的生产经营单位，可以联合建立应急救援队伍。

应急救援队伍建立单位或者兼职应急救援人员所在单位应当按照国家有关规定对应急救援人员进行培训；应急救援人员经培训合格后，方可参加应急救援工作。

应急救援队伍应当配备必要的应急救援装备和物资，并定期组织训练。

生产经营单位应当及时将本单位应急救援队伍建立情况按照国家有关规定报送县级以上人民政府负有安全生产监督管理职责的部门，并依法向社会公布。

县级以上人民政府负有安全生产监督管理职责的部门应当定期将本行业、本领域的应急救援队伍建立情况报送本级人民政府，并依法向社会公布。

4. 应急救援装备和物资

县级以上地方人民政府应当根据本行政区域内可能发生的生产安全事故的特点和危害，储备必要的应急救援装备和物资，并及时更新和补充。

重点生产经营单位应当根据本单位可能发生的生产安全事故的特点和危害，配备必要的灭火、排水、通风以及危险物品稀释、掩埋、收集等应急救援器材、设备和物资，并进行经常性维护、保养，保证正常运转。

5. 应急值班

下列单位应当建立应急值班制度，配备应急值班人员：

（1）县级以上人民政府及其负有安全生产监督管理职责的部门。

（2）危险物品的生产、经营、储存、运输单位以及矿山、金属冶炼、城市轨道交通运营、建筑施工单位。

（3）应急救援队伍。

规模较大、危险性较高的易燃易爆物品、危险化学品等危险物品的生产、经营、储存、运输单位应当成立应急处置技术组，实行24h应急值班。

6. 应急救援信息系统

国务院负有安全生产监督管理职责的部门应当按照国家有关规定建立生产安全事故应急救援信息系统，并采取有效措施，实现数据互联互通、信息共享。

生产经营单位可以通过生产安全事故应急救援信息系统办理生产安全事故应急救援预案备案手续，报送应急救援预案演练情况和应急救援队伍建设情况；但依法需要保密的除外。

二、应急救援

1. 生产经营单位应急救援措施

发生生产安全事故后，生产经营单位应当立即启动生产安全事故应急救援预案，采取下列一项或者多项应急救援措施，并按照国家有关规定报告事故情况：

（1）迅速控制危险源，组织抢救遇险人员。

（2）根据事故危害程度，组织现场人员撤离或者采取可能的应急措施后撤离。

（3）及时通知可能受到事故影响的单位和人员。

（4）采取必要措施，防止事故危害扩大和次生、衍生灾害发生。

（5）根据需要请求邻近的应急救援队伍参加救援，并向参加救援的应急救援队伍提供相关技术资料、信息和处置方法。

（6）维护事故现场秩序，保护事故现场和相关证据。

（7）法律、法规规定的其他应急救援措施。

2. 有关地方人民政府及其部门的应急救援措施

有关地方人民政府及其部门接到生产安全事故报告后，应当按照国家有关规定上报事故情况，启动相应的生产安全事故应急救援预案，并按照应急救援预案的规定采取下列一项或者多项应急救援措施：

（1）组织抢救遇险人员，救治受伤人员，研判事故发展趋势以及可能造成的危害。

（2）通知可能受到事故影响的单位和人员，隔离事故现场，划定警戒区域，疏散受到威胁的人员，实施交通管制。

（3）采取必要措施，防止事故危害扩大和次生、衍生灾害发生，避免或者减少事故对环境造成的危害。

（4）依法发布调用和征用应急资源的决定。

（5）依法向应急救援队伍下达救援命令。

（6）维护事故现场秩序，组织安抚遇险人员和遇险遇难人员亲属。

（7）依法发布有关事故情况和应急救援工作的信息。

（8）法律、法规规定的其他应急救援措施。

有关地方人民政府不能有效控制生产安全事故的，应当及时向上级人民政府报告。上级人民政府应当及时采取措施，统一指挥应急救援。

3. 应急救援队伍

应急救援队伍接到有关人民政府及其部门的救援命令或者签有应急救援协议的生产经营单位的救援请求后，应当立即参加生产安全事故应急救援。

4. 应急救援现场指挥部

发生生产安全事故后，有关人民政府认为有必要的，可以设立由本级人民政府及其有关部门负责人、应急救援专家、应急救援队伍负责人、事故发生单位负责人等人员组成的应急救援现场指挥部，并指定现场指挥部总指挥。

现场指挥部实行总指挥负责制，按照本级人民政府的授权组织制定并实施生产安全事故现场应急救援方案，协调、指挥有关单位和个人参加现场应急救援。参加生产安全事故现场应急救援的单位和个人应当服从现场指挥部的统一指挥。

在应急救援过程中，发现可能直接危及应急救援人员生命安全的紧急情况时，现场指挥部或者统一指挥应急救援的人民政府应当立即采取相应措施消除隐患，降低或者化解风险，必要时可以暂时撤离应急救援人员。

模拟试题及考点

★1. 下列关于"重点生产经营单位"的陈述，不充分的是_____。

A. 易燃易爆物品、危险化学品等危险物品的生产、经营、储存单位

B. 矿山、金属冶炼单位

C. 城市轨道交通运营、建筑施工单位

D. 宾馆、商场、旅游景区经营单位

【考点】《生产安全事故应急条例》的若干规定。

2.《生产安全事故应急条例》规定：生产经营单位应当针对本单位可能发生的生产安全事故的特点和危害，进行_____，制定相应的生产安全事故应急救援预案，并向_____公布。

A. 风险辨识和评估，本单位

B. 风险辨识和评估，本单位从业人员

C. 风险辨识，政府

D. 风险评估，社会

【考点】"一、应急准备"。

3. 下述中，情形_____不是必须修订相关预案的条件。

A. 应急指挥机构及其职责发生调整

B. 安全生产面临的风险发生重大变化

C. 重要应急资源发生重大变化

D. 在预案演练中发现不符合项

E. 制定预案所依据的标准发生重大变化

【考点】"一、应急准备"。

★4.《生产安全事故应急条例》中所明确的重点生产经营单位，应当_____。

A. 将其制定的生产安全事故应急救援预案报送乡、镇以上人民政府负有安全生产监督管理职责的部门备案

B. 至少每年组织 1 次生产安全事故应急救援预案演练

C. 建立应急救援队伍（规模较小的单位，可指定兼职的应急救援人员）

D. 根据本单位事故特点和危害，配备必要的应急救援器材、设备和物资

E. 依法向社会公布本单位应急救援队伍建立情况

【考点】"一、应急准备"。

5.《生产安全事故应急条例》要求至少每 2 年组织 1 次预案演练的，不包括_____。

A. 重点生产经营单位

B. 街道办事处等地方人民政府派出机关

C. 乡、镇人民政府

D. 县级以上人民政府负有安全生产监督管理职责的部门

【考点】"一、应急准备"。

★6.《生产安全事故应急条例》规定，_____应当建立应急值班制度，配备应急值班人员。

A. 危险物品的生产、经营、储存、运输单位

B. 矿山、金属冶炼、城市轨道交通运营、建筑施工单位

C. 宾馆、旅游景区等场所经营单位

D. 应急救援队伍

E. 乡、镇人民政府

F. 县级以上人民政府及其负有安全生产监督管理职责的部门

【考点】"一、应急准备"。

7.《生产安全事故应急条例》规定，_____应当成立应急处置技术组，实行24小时应急值班。

A. 危险物品的生产、经营、储存、运输单位

B. 规模较大、危险性较高的危险物品的生产、经营、储存、运输单位

C. 矿山、金属冶炼、城市轨道交通运营、建筑施工单位

D. 规模较大、危险性较高的矿山、金属冶炼、城市轨道交通运营、建筑施工单位

【考点】"一、应急准备"。

8. 发生生产安全事故后，生产经营单位应当采取的应急救援措施，不包括_____。

A. 迅速控制危险源，组织抢救遇险人员

B. 根据事故危害程度，组织现场人员撤离或者采取可能的应急措施后撤离

C. 采取必要措施，防止事故危害扩大和次生、衍生灾害发生

D. 必要时实施交通管制

E. 及时通知可能受到事故影响的单位和人员

【考点】"二、应急救援"。

9. 发生生产安全事故后，有关人民政府认为有必要的，可以设立应急救援现场指挥部并指定总指挥。现场指挥部的组成人员一般不包括_____。

A. 本级人民政府及其有关部门负责人

B. 应急救援专家

C. 应急救援队伍负责人

D. 安全评价机构负责人

E. 事故发生单位负责人

【考点】"二、应急救援"。

第七章

生产安全事故调查与分析

本套书的《安全生产法律法规》分册的第六章第十节《生产安全事故报告和调查处理条例》（国务院第 493 号令）介绍了生产安全事故的分级，事故报告，事故调查组的级别、组成、职责、权利等内容，本章不再赘述。

第一节　生产安全事故调查程序

生产安全事故调查程序如图 7-1 所示。

一、事故类别和伤害程度

1. 事故类别的确定

按 GB 6441—1986《企业职业伤亡事故分类标准》确定。

（1）物体打击。

（2）车辆伤害。

（3）机械伤害。

（4）起重伤害。

（5）触电。

（6）淹溺。

（7）灼烫。

（8）火灾。

（9）高处坠落。

（10）坍塌。

（11）冒顶片帮。

（12）透水。

（13）放炮。

（14）火药爆炸。

（15）瓦斯爆炸。

（16）锅炉爆炸。

事故发生
· 事故类型和严重程度
· 有关的人员、时间、地点、如何发生、发生什么

收集证据
· 收集相关证据
· 直接证据（现场和目击证人）
· 间接证据（有关的材料）
· 人员、岗位、程序等

直接（触发）原因分析
· 综合所有相关证据
· 分析证据之间的联系
· 识别关键因素
· 找出直接原因

间接（管理，系统）原因分析
· 找出所有直接原因的原因
· 找出深层次的原因

提出纠正和预防措施
· 针对所有间接原因，找出消除它们的措施
· 把这些措施分类、综合，制订整改计划

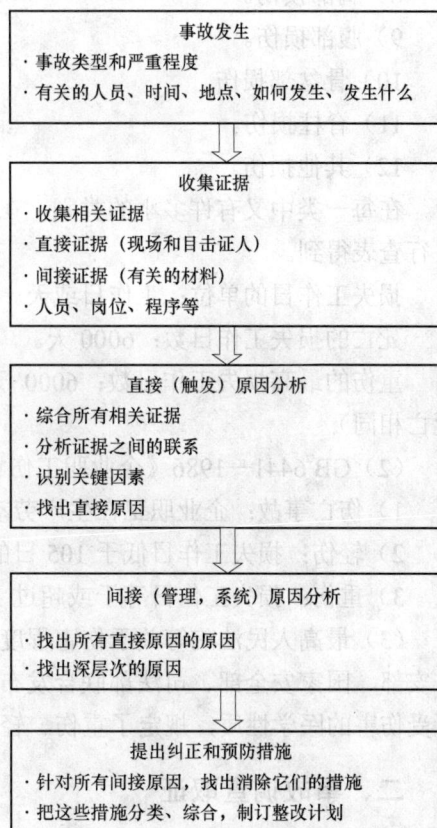

图 7-1　生产安全事故调查程序

（17）容器爆炸。

（18）其他爆炸。

（19）中毒和窒息。

（20）其他伤害。

2. 损失工作日和伤害程度

（1）损失工作日。

GB/T 15499—1995《事故伤害损失工作日标准》规定了定量记录人体伤害程度的方法及伤害对应的损失工作日数值，用于企业职工伤亡事故造成的身体伤害。

标准共分以下几个方面来计算损失工作日：

1）肢体损伤。

2）眼部损伤。

3）鼻部损伤。

4）耳部损伤。

5）口腔颌面部损伤。

6）头皮、颅脑损伤。

7）颈部损伤。

8）胸部损伤。

9）腹部损伤。

10）骨盆部损伤。

11）脊柱损伤。

12）其他损伤。

在每一类中又有许多小的类别，在计算事故伤害损失工作日时，可以从大类到小类分别进行查表得到。

损失工作日的单位：工作日或天。

死亡的损失工作日数：6000 天。

重伤的最高损失工作日数：6000 天。（说明：永久性全部丧失工作能力的损失工作日与死亡相同）

（2）GB 6441—1986《企业职工伤亡事故分类标准》关于轻伤、重伤的分类。

1）伤亡事故：企业职工在生产劳动过程中，发生的人身伤害、急性中毒。

2）轻伤：损失工作日低于 105 日的失能伤害。

3）重伤：损失工作日等于或超过 105 日的失能伤害及死亡。

（3）最高人民法院等关于伤害程度的规定。2013 年，最高人民法院、最高人民检察院、公安部、国家安全部、司法部联合发布了《人体损伤程度鉴定标准》的公告，按肢体、器官所受伤害的医学性质，规定了重伤、轻伤各种级别的判定标准。

二、事故调查取证

1. 事故现场处理

（1）救护受伤害者。

（2）采取措施制止事故蔓延扩大。

（3）保护事故现场和现场区域（除非还有危险存在）。凡与事故有关的物体、痕迹、状态，不得破坏；为抢救受伤害者需要移动现场某些物体时，必须做好现场标志；准备必需的草图梗概和图片，仔细记录或进行拍照、录像。

（4）按规定及时、如实报告事故情况。

2. 事故物证收集

（1）收集现场物证，包括：破损部件、碎片、残留物、致害物的位置等。

（2）在现场搜集到的所有物件均应贴上标签，注明地点、时间、管理者。

（3）所有物件应保持原样，不准冲洗擦拭。

（4）对健康有危害的物品，应采取不损坏原始证据的安全防护措施。

（5）事故发生地点、地图（地方与总图）。

（6）证据列表。

3. 可能与事故事实有关的材料收集和背景材料收集

（1）发生事故的单位、地点、时间。

（2）受害人和肇事者。

1）姓名、性别、年龄、文化程度、职业、技术等级、工龄、本工种工龄、支付工资的形式；

2）技术状况、接受安全教育情况；

3）出事当天，什么时间开始工作、工作内容、工作量、作业程序、操作时的动作（或位置）；

4）出事前的健康状况；

5）过去的事故记录。

（3）事故发生前设备、设施等的性能和质量状况。

（4）使用的材料，必要时进行物理性能或化学性能实验与分析。

（5）有关设计和工艺方面的技术文件、工作指令和规章制度方面的资料及执行情况。

（6）关于工作环境方面的状况，包括照明、湿度、温度、通风、声响、色彩度、道路工作面状况及工作环境中的有毒、有害物质取样分析记录。

（7）个人防护措施状况，应注意其有效性、质量、使用范围。

（8）其他可能与事故原因有关的情况。

4. 事故过程确定

（1）对事故发生起了作用的危险源。

（2）初始事件（触发事件）。

（3）中间事件。

（4）结果事件——最终造成损失的事件。

（5）事件链：将所有事件按逻辑关系连接起来，形成清晰的事故过程图。

三、事故调查报告的内容

1. 事故发生单位概况

地理位置，行业和地方隶属关系，经济类型及改制情况，职工人数，主要风险，以往事故经历，生产工艺及平面布置图等。

2. 事故发生经过和事故救援情况

（1）事故发生经过。时间，地点，事故发生时正进行的作业活动，当时的设备、作业环境情况，人员情况（操作人员，受伤害者，证人），起因事件，接续事件，结果事件，事故类型等。

（2）事故救援情况。

1）启动的应急预案或采取的应急救援措施，包括动用的应急资源，应急行动的及时性；

2）救援行动的效果：事故的严重程度和影响范围是否被减小和控制，对受伤害者是否及时得到急救或转送医院，其他人员和周围群众的疏散情况等。

3. 事故造成的人员伤亡和直接经济损失

伤亡：职工伤亡事故登记表以及其他人员的伤亡情况，包括伤害程度、伤害性质、伤害部位，住院人员的治疗及观察情况，失踪人数。

直接经济损失的估算方法和估算结果。

4. 事故发生的原因和事故性质

（1）事故发生的原因。

1）直接原因：物的不安全状态，人的不安全行为，作业环境的缺陷；

2）间接原因：管理原因。

（2）事故性质：属于责任事故，还是技术事故或自然事故，说明理由。

5. 事故责任的认定以及对事故责任者的处理建议

本次事故的直接责任者、管理责任者和领导责任者及理由，并提出处理建议。

6. 事故防范和整改措施

事故教训及预防事故再次发生的措施（立即采取的措施及长期的行动规划）。

7. 其他

（1）事故调查组的成员名单（签名）。

（2）所附的有关证据材料。

（3）其他需要说明的事项。

模拟试题及考点

1. 事故一：锅炉憋压运行而爆炸；事故二：甲醇泄漏后其蒸气与空气形成的混合物达到爆炸极限，遇到能量源而爆炸。这两种事故的类别分别为_____。

A. 锅炉爆炸和其他爆炸　　　　　　B. 锅炉爆炸和气体爆炸

C. 容器爆炸和其他爆炸　　　　　　D. 容器爆炸和气体爆炸

【考点】"一、事故类型和伤害程度"。

2. 事故一：甲醇泄漏后致使现场人员中毒；事故二：工作人员在缺氧环境中窒息。这两种事故的类别为_____。

A. 中毒　　　　　B. 窒息　　　　　C. 中毒和窒息　　　　D. 其他伤害

【考点】"一、事故类型和伤害程度"。

3. 作业人员在运行中的起重机上从4米的作业高度坠落，事故类别为_____。

A. 高处坠落 　　　B. 起重伤害 　　　C. 综合伤害 　　　D. 其他伤害

【考点】"一、事故类型和伤害程度"。

4. 某化工股份有限公司 2 名检修工在工作中被烧伤。经医院诊断，甲需要休息 3 个月，乙需要休息 1 年，才能正常上班。甲、乙的伤害程度分别为_____。

A. 轻伤，轻伤 　　　B. 轻伤，重伤 　　　C. 重伤，轻伤 　　　D. 重伤，重伤

【考点】"一、事故类型和伤害程度"。

★5. 生产安全事故发生后，事故现场处理包括_____。

A. 救护受伤害者

B. 采取措施制止事故蔓延扩大

C. 保护事故现场，任何情况下不得移动现场物体

D. 按规定及时、如实报告事故情况

【考点】"二、事故调查取证"。

★6. 下述_____应包括在生产安全事故调查报告中。

A. 事故发生经过和事故救援情况　　　B. 事故造成的人员伤亡和直接经济损失

C. 事故发生的原因和事故性质　　　　D. 对事故责任者的处理决定

E. 事故防范和整改措施

【考点】"三、事故调查报告的内容"。

第二节　生产安全事故的性质、原因、责任和整改措施

一、事故性质的确定

事故的性质可分为以下几种：自然事故、技术事故和责任事故。

如果不是不可控的自然力或目前人类难以掌握的技术造成的事故，就可判为责任事故。

二、起因物、致害物、不安全状态、不安全行为

1. 起因物和致害物

GB 6441—1986 的定义：起因物是"导致事故发生的物体、物质"，致害物是"直接引起伤害及中毒的物体或物质"。

准确的定义：

起因物是由于存在不安全状态引起事故或使事故能发生的物体或物质。

加害物（致害物）是与人体接触（直接接触或人体暴露于其中）使人受到伤害的物体或物质。

2. 不安全状态

不安全状态是使事故能发生的不安全的物体条件或物质条件。

不安全状态主要存在于以下几方面：

（1）物体本身的缺陷。

（2）防护措施、安全装置的缺陷。

（3）工作场所的缺陷。

（4）个人保护用品、用具的缺陷。

（5）作业环境的缺陷。

（6）其他不安全状态。

3. 不安全行为

不安全行为是违反安全规则或安全原则，使事故有可能或有机会发生的行为。

说明：

不安全行为可以是本不应做而做了某件事；可以是本不应该这样做（应用其他方式做）而这样做的某件事；也可以是应该做某件事但没做成。

有不安全行为的人可能是受伤害者，也可能不是受伤害者。

行为不安全的人，可以是他明知自己做的事是不安全的而非常谨慎地去做，也可以是不知道自己正做的事是不安全的。

"违反安全规则或安全原则"包括违反法规、标准、规定，也包括违反大多数人都知道并遵守的不成文的安全原则，即"惯例"。

不安全行为主要表现在以下几方面：

（1）不按规定的方法操作。

（2）不采取安全措施。

（3）对运转着的设备、装置等清擦、加油、修理、调节。

（4）使安全防护装置失效。

（5）制造危险状态。

（6）使用保护用具的缺陷。

（7）不安全放置。

（8）接近危险场所。

（9）某些有意识的不安全行为。

（10）误动作。

（11）其他不安全行为。

三、事故直接原因和间接原因

1. 直接原因

GB 6442—1986《企业职工伤亡事故调查分析规则》中规定，属于下列情况者为直接原因：

（1）机械、物质或环境的不安全状态。

（2）人的不安全行为。

2. 间接原因

事故的间接原因即管理原因或称系统原因。

间接原因是造成直接原因的原因。

应当从已确定的直接原因，去追踪导致这些原因（物的不安全状态、人的不安全行为和作业环境的缺陷）的管理缺陷或管理疏忽，来确定间接原因。

（1）GB 6442—1986《企业职工伤亡事故调查分析规则》中规定，属以下情况为间接原因：

1）技术和设计上有缺陷——工业构件、建筑物、机械设备、仪器仪表、工艺过程、操作方法、维修检验等的设计、施工和材料使用存在问题。

2）教育培训不够，未经培训，缺乏或不懂安全操作技术知识。

3）劳动组织不合理。

4）对现场工作缺乏检查或指导错误。

5）没有安全操作规程或不健全。

6）没有或不认真实施事故防范措施，对事故隐患整改不力。

7）其他。

（2）管理缺陷。管理缺陷主要存在于以下几方面的管理中：

1）安全生产保障。

2）危险评价与控制。

3）作用与职责。

4）培训与指导。

5）人员管理与工作安排。

6）安全生产规章制度和操作规程。

7）设备和工具。

8）物料（含零部件）。

9）设计。

10）应急准备与响应。

11）相关方管理。

12）监控机制。

13）沟通与协商。

（3）政府及其管理部门的管理原因。

1）审查、批准、验收：

① 对涉及安全生产而需要审查批准或验收的事项，未予审查。

② 对不符合法规、标准的事项，予以批准或验收。

③ 对未被批准或验收而擅自从事有关活动的单位，未予取缔并处理。

④ 对虽获批准但已不具备安全生产条件的单位，未撤销原批准。

⑤ 审查、验收收取费用，或要求被审查、验收的单位购买其指定的设备、产品。

2）监督检查：

① 未对本行政区域内容易发生重大事故的单位进行定期严格检查。

② 监督检查中发现违法行为未予纠正或限期改正。

③ 监督检查中发现事故隐患未责令排除，包括必要时撤除人员、停产停业。

④ 监督检查中有根据认为有关设施、器材不符合标准而未予处理。

⑤ 经监督检查开出整改通知，但其后不追踪落实情况。

⑥ 对监督检查中发现的问题和处理情况无书面记录。

3）应急救援：

① 未制定本行政区域内事故应急救援预案，未建立应急救援体系。

② 未要求、检查本行政区域内高危行业单位建立应急救援组织或配备应急救援人员及应急救援设备、器材情况。

③ 未组织本行政区域应急救援预案演练及评审。

4）事故调查处理：

① 接到事故报告后未按规定立即上报，而是隐瞒不报、谎报或拖延不报。

② 接到事故报告后未立即赶到现场组织抢救。

③ 事故调查处理不实事求是，未能准确查明原因、性质、责任，提出有效的防范和整改措施。

④ 对责任事故，未查明相关政府部门的责任并对失职、渎职行为追究法律责任。

⑤ 阻挠或干涉事故调查处理工作。

5）在有关的工作中，政府部门之间不互相配合，不及时沟通信息。

6）在有关的工作中，不能秉公执法，有腐败行为。

四、事故责任

（1）直接责任者：造成事故直接原因的人员。

（2）管理责任者：造成事故间接原因（管理原因）的人员。

（3）领导责任者：指对事故的发生负有领导责任的人员，即管理责任者中的领导层成员。

五、防范和整改措施

防范和整改措施指避免同种事故重演的措施和预防类似事故发生的措施，也叫纠正措施。

防范和整改措施是为了消除造成事故的原因。由于直接原因是间接原因引起的，所以，防范和整改措施特别要针对间接原因。

防范和整改措施要覆盖所有已确定的事故原因，不要有遗漏。

模 拟 试 题 及 考 点

★1. 生产安全事故的性质包括_____。

A. 自然事故　　　　B. 技术事故　　　　C. 操作事故　　　　D. 责任事故

【考点】"一、事故性质的确定"。

2. 某建设项目的总承包单位将地基与基础工程分包给了某不具备相应资质条件的单位，该单位作业人员作业中违章操作，导致事故发生。这是一起_____。

A. 自然事故　　　　B. 技术事故　　　　C. 操作事故　　　　D. 责任事故

【考点】"一、事故性质的确定"。

3. 某建筑施工队在建筑工地上搭设了一个 15 米高的脚手架，但未设护栏。某工人在脚手架上进行作业时未系安全带，因而跌落到地面上，造成重伤。这起事故的起因物是_____。

A. 脚手架　　　　B. 护栏　　　　C. 地面　　　　D. 安全带

【考点】"二、起因物、致害物、不安全状态、不安全行为"。

4. 以下三种情况都曾引起建筑施工人员头部受伤事故：施工人员不按规定佩戴安全帽，安全帽超过使用有效期、强度不够，事故单位没有给施工人员配备符合要求的安全帽。分析事故原因时，这三种情况分别属于_____。

A. 物的不安全状态、管理缺陷、人的不安全行为

B. 物的不安全状态、人的不安全行为、管理缺陷

C. 管理缺陷、人的不安全行为、物的不安全状态

D. 人的不安全行为、物的不安全状态、管理缺陷

【考点】"三、事故直接原因和间接原因"。

5. 某燃料公司蜂窝煤生产车间搅拌机的齿轮没有安装防护罩。某工人在操作时，搅拌机发生故障，不能正常将煤料送上运输皮带，该工人便站在搅拌机有旋转齿轮的一侧，用铁锹将机内煤料铲到出口处。在铲料过程中，搅拌机一对齿轮将王某的衣袖夹住，导致王某左肘以下粉碎。本起事故中人的不安全行为是_____。

A. 齿轮部位没有安装安全防护罩

B. 操作人员处理故障时未停机

C. 企业领导不重视安全投入

D. 未对工人进行有效的安全培训，工人缺乏安全操作技术知识

【考点】"三、事故直接原因和间接原因"。

★6. 某燃料公司蜂窝煤生产车间搅拌机的齿轮没有安装防护罩。某工人在操作时，搅拌机发生故障，不能正常将煤料送上运输皮带，该工人便站在搅拌机有旋转齿轮的一侧，用铁锹将机内煤料铲到出口处。在铲料过程中，搅拌机一对齿轮将王某的衣袖夹住，导致王某左肘以下粉碎。本起事故的间接原因有_____。

A. 齿轮部位没有安装安全防护罩

B. 企业不重视安全投入

C. 操作人员处理故障时未停机

D. 未对工人进行有效的安全培训，工人缺乏安全操作知识

【考点】"三、事故直接原因和间接原因"。

7. 某建设项目的总承包单位将地基与基础工程分包给了某不具备相应资质条件的单位，该单位作业人员作业中违章操作，导致事故发生。这起事故的管理责任者是_____。

A. 分包单位的安全生产管理人员

B. 总承包单位的安全生产管理人员

C. 总承包单位和分包单位的安全生产管理人员

D. 总承包单位和分包单位的安全生产管理人员及相关领导

【考点】"四、事故责任"。

第八章

安全生产统计分析

第一节 统计基础知识

一、统计的原理和方法

统计：通过统计报表、专题调查等方式收集原始数据资料，进行整理、清理、核实、查对，使其条理化、系统化，运用统计学的基本原理和方法，分析计算有关的指标和数据，揭示事物内部的规律。

统计资料（或称统计数据）有 3 种类型：计量资料（通过度量衡的方法，测量每一个观察单位的某项研究指标的量的大小数据，有度量衡单位）、计数资料（将全体观测单位按照某种性质或特征分组，然后再分别清点各组观察单位的个数，没有度量衡单位）和等级资料（介于计量资料和计数资料之间的一种半定量资料）。

统计分析的主要方法有统计描述和统计推断。统计描述是统计分析的最基本内容，是指应用统计指标、统计表、统计图等方法，对资料的数量特征及其分布规律进行测定和描述；统计推断是指通过抽样等方式进行样本数据分析，通过样本信息估计总体特征，包括参数估计和假设检验两项内容。

二、常用统计图表的编制

1. 统计表

将要统计分析的事物或指标以表格的形式列出来，以代替烦琐的文字描述。

（1）统计表的组成：

1）标题：即表的名称，位置在表格的最上方，应包括时间、地点和要表达的主要内容；

2）标目：横标目说明每一行要表达的内容，纵标目说明每一列要表达的内容；标目应有合适的单位。

（2）统计表的种类：

1）简单表：表格只有一个中心意思，即二维以下的表格；

2）复合表：表格有多个中心意思，即三维以上的表格。

统计数字的填写：数据格式要规范，小数点要上下对齐，缺失时用"−"代替，如果需要备注，一般在表中用"*"标出，再在表的下方注出。

2. 统计图

用点、线、面的位置、直线的升降、直条的长短、面积的大小、颜色的深浅等各种图形来表示统计资料的数量关系。

统计图的构成：

标题：概括图形所要表达的主要内容，一般写在图形的下端中央；

标目：一般包括横轴标目和纵轴标目，说明横轴和纵轴的指标和度量单位；

图例：对用不同线条和颜色表达不同事物或对象的统计指标的说明，一般置于图的右上角空隙处或图的下方与图标题中间位置。

统计图的类型及其适用的范围见表 8-1。

表 8-1　　　　　　　　　　　　统计图的类型及其适用的范围

统计图类型	适用的分析目的
条图	比较分类资料各类别数值大小
圆图或百分条图	分析事物内部各组成部分所占比重（构成比）
线图、半对数线图	描述事物随时间变化趋势或描述两现象相互变化趋势
散点图	描述双变量资料的相互关系的密切程度或相互关系的方向
直方图	描述连续性变量的频数分布
统计地图	描述某现象的数量在地域上的分布

三、统计描述和统计推断的主要内容

1. 统计描述

统计描述是应用统计指标、统计表、统计图等方法，对资料的数量特征及其分布规律进行测定和描述。

（1）计量资料的统计描述。

通过编制频数分布表、计算集中趋势指标和离散趋势指标以及统计图表来进行。

1）集中趋势：频数表中频数分布表现为频数向某一位置集中的趋势，其描述指标有算术平均数（直接算术平均数、加权算术平均数）、几何平均数（直接几何平均数、加权几何平均数）、百分位数（percentile）与中位数（median）。

2）离散趋势：频数虽然向某一位置集中，但频数分布表现为各组段都有频数分布，而不是所有频数分布在集中位置的趋势。

常用表示离散趋势的指标有：全距（range）、四分位数间距（quartile）、方差（variance）、标准差（standard deviation）。

（2）计数资料的统计描述。

计数资料的统计描述，通常采用比、构成比、率三类指标。这些指标都是由两个指标之比构成的，所以称为相对数。

比（又称为相对比），是两个相关指标之比；构成比也叫构成指标，是指一事物内部某一组成部分的观察单位数与该事物各组成部分的观察单位总数之比，用以说明某一事物内部各组成部分所占的比重或分布；率是指某种现象在一定条件下，实际发生的观察单位数与可能发生该现象的总观察单位数之比，用以说明某种现象发生的频率大小或强度，如发病率、患病率、死亡率、病死率等。

2. 统计推断

统计推断是通过样本信息来推断总体特征的过程，包括参数估计和假设检验两项内容。

模拟试题及考点

1. 统计资料（或称统计数据）有 3 种类型，其中有度量衡单位的是_____。

A. 计量资料 　　　　B. 计数资料 　　　　C. 等级资料

【考点】"一、统计的原理和方法"。

2. 计数资料的统计描述中，有一项指标是指一事物内部某一组成部分的观察单位数与该事物各组成部分的观察单位总数之比，用以说明某一事物内部各组成部分所占的比重或分布。这个指标称为_____。

A. 比（相对比） 　　　　B. 构成比 　　　　C. 率

【考点】"三、1.（2）计数资料的统计描述"。

★3. 统计图中用于表示统计资料的数量关系的方法有_____。

A. 点的位置 　　　　B. 直条的长短 　　　　C. 面积的大小 　　　　D. 附注文字的字体

E. 图形颜色的深浅

【考点】"二、2. 统计图"。

第二节　职业卫生统计基础

一、职业卫生统计指标

1. 发病（中毒）率

表示在观察期内，可能发生某种疾病（或中毒）的一定人群中新发生该病（中毒）的频率。

$$某病发病率（中毒率）=\frac{同期内新发生病例数}{观察期内可能发生某病（中毒）的平均人口数}\times100\%$$

2. 患病率

表示在某时点检查时可能发生某病的一定人群中患有该病的病人数与受检人总数之比。

$$某病患病率=\frac{检查时发现的现患某病病例总数}{该时点受检人口数}\times100\%$$

3. 病死率

在规定的观察时间内，某病患者中因该病而死亡的频率。

$$某病病死率 = \frac{同期因该病死亡人数}{观察期间内某病患者数} \times 100\%$$

4. 粗死亡率

也称普通死亡率，是指某年平均每千名人口中的死亡数。

$$粗死亡率 = \frac{同年死亡总数}{某年平均人口数} \times 1000‰$$

二、职业卫生调查

1. 职业卫生调查设计的用途

调查设计又称为横断面研究或横断面调查或现况研究，用于了解某一特定时间横断面上特定作业场所中职业危害因素或人群职业病的分布情况。

2. 职业卫生调查的三种方法

（1）普查。

对总体中所有观察单位进行调查，一般用于了解总体在某一特定"时点"上的情况，如年中人口数、时点患病率。

（2）抽样调查。

从总体中随机抽取一定数量具代表性的观察单位组成的样本进行调查，根据样本信息推断总体特征。

（3）典型调查（案例调查）。

在对事物进行全面了解的基础上，有目的地选择典型的人和单位进行调查。

3. 抽样调查中常用的抽样方法

（1）单纯随机抽样：将调查总体全部观察单位编号，再用抽签法或随机数字表随机抽取部分观察单位组成样本。

（2）系统抽样（等距抽样、机械抽样）：先将总体的观察单位分成 n 个部分，再从第一部分随机抽取第 k 号观察单位，依次用相等间距，从每一部分抽取一个观察单位组成样本。

（3）整群抽样。

总体分群，再随机抽取几个群组成样本，群内全部调查。

（4）分层抽样。

先按对观察指标影响较大的某种特征，将总体分为若干个类别（层），再从每层内随机抽取一定数量的观察单位，合起来组成样本。

上述 4 种方法按抽样误差由大到小排列：整群抽样，单纯随机抽样，系统抽样，分层抽样。

模 拟 试 题 及 考 点

★1. 职业卫生常用统计指标有_____。

A. 发病（中毒）率　　　　　　B. 患病率

C. 病死率   D. 治愈率

【考点】"一、职业卫生统计指标"。

2. 调查设计又称为横断面研究或横断面调查或现况研究，用于了解某一特定时间横断面上特定作业场所中职业危害因素或人群职业病的_____情况。

A. 数量   B. 概率   C. 总量   D. 分布

【考点】"二、职业卫生调查"。

3. 抽样调查中，抽样误差最小的抽样方法是_____。

A. 单纯随机抽样   B. 系统抽样   C. 整群抽样   D. 分层抽样

【考点】"二、职业卫生调查"。

第三节　事故统计与报表制度

一、事故统计的任务、步骤和统计分析的目的

事故统计的任务：对每起事故进行统计调查，弄清事故发生的情况和原因；对一定时间内、一定范围内事故发生的情况进行测定；对一定时间内、一定范围内事故发生的情况、趋势及事故参数的分布进行分析、归纳和推断。

事故统计的步骤：包括资料搜集、资料整理、综合分析三个步骤。

事故统计分析的目的：找出事故发生的规律和原因，为制定法规、采取预防措施提供决策依据。

二、事故统计的指标体系

1. 绝对指标和相对指标

绝对指标是事故参数的绝对值，如事故起数、死亡人数、重伤人数等；相对指标是两个相关联的事故参数之比，如相对于人员的千人死亡率，相对于产量、产值、工时等的负伤率或死亡率等。

2. 分类

（1）综合类。

（2）工矿企业类（煤矿、金属和非金属矿、工商、建筑、危险化学品、烟花爆竹企业）。

（3）行业类（火灾、道路交通、铁路交通、水上交通、民用航空、农机、渔业船舶）。

（4）地区安全评价类。

部分事故统计指标：

千人死亡率，千人重伤率，十万人死亡率，百万吨死亡率，重大事故率，百万人火灾发生率及死亡率，万车死亡率，亿元国内生产总值（GDP）死亡率等。

伤害频率、伤害严重度，分别表示每百万工时发生的伤害案例数和损失工作日数。

有的企业还使用了国际上一些国家采用的两种事故发生率，分别表示每 20 万工时发生的

事故（伤病）件数和损失工作日数。

三、事故统计报表制度

《生产安全事故统计报表制度》（安监总统计〔2010〕62 号）设计了两张基层报表，用来收集和记录企业发生的每起事故。在两张基层报表的基础上，可以方便地派生出其他的统计报表。

1. 适用范围

中华人民共和国领域内从事生产经营活动的单位。

2. 统计内容

两张基层报表的各项指标归纳起来分以下 4 个方面。

（1）事故发生单位情况。包括事故单位的名称、单位地址、单位代码、邮政编码、从业人员数、企业规模、经济类型、所属行业、行业类别、行业中类、行业小类、主管部门。

（2）事故情况。包括事故发生地点，发生日期（年、月、日、时、分），事故类别，人员伤亡总数（死亡、重伤、轻伤），非本企业人员伤亡（死亡、重伤、轻伤），事故原因，损失工作日，直接经济损失，起因物，致害物，不安全状态，不安全行为。

（3）事故概况。主要是事故经过、事故原因、事故教训和防范措施、结案情况、其他需要说明的情况。

（4）伤亡人员情况。包括伤亡人员的姓名、性别、年龄、工种、工龄、文化程度、职业、伤害部位、伤害程度、受伤性质、就业类型、死亡日期、损失工作日。

3. 报表的报送程序

伤亡事故统计实行地区考核为主的制度，采用逐级上报的程序。

四、事故统计与分析方法

1. 综合分析法

将大量的事故资料进行总结分类，将汇总整理的资料及有关数值，形成书面分析材料或填入统计表或绘制统计图，从中找出事故发生的规律性。

2. 分组分析法

按伤亡事故的有关特征进行分类汇总，如按事故发生企业的经济类型、事故发生单位所在行业、事故发生原因、事故类别、事故发生所在地区、事故发生时间、伤害部位等进行分组汇总统计伤亡事故数据。

3. 算数平均法

例如根据各月全国工矿企业死亡人数计算平均每月死亡人数。

4. 相对指数比较法

采用相对指标，如千人死亡率、百万吨死亡率等指标进行比较。

5. 统计图表法

（1）趋势图，即折线图，直观地展示伤亡事故的发生趋势。

（2）柱状图，能够直观地反映不同分类项目的伤亡事故指标大小。

（3）饼图（圆图），即比例图，可以形象地反映不同分类项目所占的百分比。

6. 排列图

排列图也称主次图，是直方图与折线图的结合，直方图用来表示属于某项目的各分类的频次，而折线点则表示各分类的累积相对频次。排列图可以直观地显示出属于各分类的频数的大小及其占累积总数的百分比。

7. 控制图

控制图又叫管理图，把质量管理控制图中的不良率控制图方法引入伤亡事故发生情况的测定中，可以及时察觉伤亡事故发生的异常情况，有助于及时消除不安定因素，起到预防事故重复发生的作用。

模拟试题及考点

1. 事故统计工作分为资料收集、_____、综合分析三个步骤。

A. 资料整理　　　　B. 资料分析　　　　C. 资料审核　　　　D. 统计分析

【考点】"一、事故统计的任务、步骤和统计分析的目的"。

★2. 可用于煤矿企业安全生产状况的事故统计指标有_____。

A. 事故死亡人数　　B. 损失工作日　　C. 百万吨死亡率　　D. 10 万人死亡率

E. 万车死亡率

【考点】"二、事故统计的指标体系"。

3. 基层报表的各项指标归纳起来分为事故发生单位情况、事故情况、_____和伤亡人员情况四个方面。

A. 财产损失情况　　　　　　　　B. 无形资产损失情况

C. 事故责任情况　　　　　　　　D. 事故概况

【考点】"三、2. 统计内容"。

★4. 常用的事故统计方法有综合分析法、分组分析法、_____、统计图表法。

A. 绝对指标分析法　　B. 相对指标比较法　　C. 算术法　　D. 算术平均法

【考点】"四、事故统计与分析方法"。

第四节　生产安全事故经济损失统计标准

以下内容引自 GB 6721—1986《企业职工伤亡事故经济损失统计标准》。

一、直接经济损失

指因事故造成人身伤亡及善后处理支出的费用和毁坏财产的价值，其统计范围包括：

（1）人身伤亡后所支出的费用（医疗、护理、丧葬、抚恤、补助、救济、歇工工时）。

（2）善后处理费用（事务性、现场抢救、现场清理、罚款和赔偿等）。

（3）财产损失价值（固定资产、流动资产）。

二、间接经济损失

指因事故导致产值减少、资源破坏和受事故影响而造成其他损失的价值，包括：

（1）停产减产损失价值。

（2）工作损失价值。

（3）资源损失价值。

（4）处理环境污染的费用。

（5）补充新职工的培训费用。

（6）其他损失费用。

三、计算方法

1. 经济损失计算公式

$$E=E_d+E_i$$

式中　E——经济损失，万元；

　　　E_d——直接经济损失，万元；

　　　E_i——间接经济损失，万元。

2. 工作损失价值计算公式

$$V_w=D_lM/SD$$

式中　V_w——工作损失价值，万元；

　　　D_l——一起事故的总损失工作日数，死亡一名职工按 6000 个工作日计算，受伤职工视伤害情况按 GB 6411—1986《企业职工伤亡事故分类标准》的附表确定，日；

　　　M——企业上年税利（税金加利润），万元；

　　　S——企业上年平均职工人数，人；

　　　D——企业上年法定工作日数，日。

四、经济损失的评价指标

1. 千人经济损失率

$$R_s=(E/S)\times1000‰$$

式中　R_s——千人经济损失率；

　　　E——全年内经济损失，万元；

　　　S——企业职工平均人数，人。

2. 百万元产值经济损失率

$$R_v=(E/V)\times100\%$$

式中　R_v——百万元产值经济损失率；

　　　E——全年内经济损失，万元；

　　　V——企业总产值，万元。

模拟试题及考点

★1. 按照 GB 6721—1986《企业职工伤亡事故经济损失统计标准》，下面属于直接经济损失统计范围的是_____。

A. 善后处理费用　　B. 财产损失价值　　C. 工作损失价值　　D. 资源损失价值

【考点】"一、直接经济损失"。

2. 某矾土矿透水事故，5 名矿工遇难。组织抢救中，花费 10 万元租用了抢险救灾设备。事后，给每名遇难者赔偿 5 万元，事故调查处理费用 10 万元。这次事故造成的直接经济损失是_____万元。

A. 25　　　　　　B. 35　　　　　　C. 45　　　　　　D. 55

【考点】"一、直接经济损失"。

3. 某危险化学品生产企业发生一起伤亡事故，死亡 3 人，伤 5 人。事故现场抢救费 20 万元，抚恤费 100 万元，丧葬费 30 万元，伤者医疗费 80 万元，停产损失费 200 万元。这次事故造成的直接经济损失是_____万元。

A. 160　　　　　　B. 230　　　　　　C. 270　　　　　　D. 310

【考点】"一、直接经济损失"。

4. 某火灾事故造成一次死亡 5 人，该起事故的总损失工作日数是_____工作日。

A. 15 000　　　　　B. 30 000　　　　　C. 50 000　　　　　D. 45 000

【考点】"三、计算方法"。

5. 某生产经营单位某年总产值 8000 万元，因生产性事故造成的经济损失 160 万元，则该单位百万元产值经济损失率是_____。

A. 2　　　　　　B. 0.2　　　　　　C. 20　　　　　　D. 5

【考点】"四、经济损失的评价指标"。

说　明

一、几个法规性文件的内容

本书没有包含以下几个法规性文件的内容：《建设项目安全设施"三同时"监督管理办法》《中华人民共和国特种设备安全法》和《特种设备安全监察条例》《生产经营单位安全培训规定》《生产安全事故报告和调查处理条例》。在本套书的《安全生产法律法规　精讲精练》中，对这几个法规文件的内容有清楚的介绍。

二、慎用三个标准

从应试的角度出发，本书提到下列三个标准；从工作的目的出发，读者应当慎用。

1. GB 6721—1986《企业职工伤亡事故经济损失统计标准》

标准存在的问题是：直接损失和间接损失的区分与国际惯例不符；费用项目不全，丢失了某些基本的费用项目；项目之间有重复计算的费用；在企业事故经济损失计算中，损失工作日数不应用 GB 6441—1986 的表定天数；将企业损失与国家损失混同，"工作损失价值"存在概念上的错误。

这里应当指出：国家的经济损失不等于企业经济损失的代数和。在市场经济中，甲企业的税金和利润损失可能被乙企业得到，而国家不受损失。缺工造成的减产损失是缺工者缺工前的报酬，而不计与减少的产量相应的利润。停产可看成是多人缺工造成的规模较大的减产。因此，一般情况下不考虑利润损失。只有当可以肯定，停产将立即或近期内影响到正常的销售（库存）时，需考虑利润的损失。

2. GB 6441—1986《企业职工伤亡事故分类标准》

标准存在的问题主要是：统计项目不应设置"伤害方式"一项（其定义与事故类别的定义混淆）；不必设置"致害物"的分类；各统计项目的分类缺陷（全面性和普遍性，分类设置，概括程度，分类项目的互斥性等方面）等。

3. AQ/T 9004《企业安全文化建设导则》及 AQ/T 9005《企业安全文化建设评价准则》

企业安全文化是企业在安全方面的行为准则，它是由安全哲学（即方针或指导思想）决定的，而哲学是由价值观决定的。它处于第三层次，受价值观和哲学制约，但并不是三个层次的混合物。它体现在：责任制，培训教育，沟通，全员参与，专家咨询。另一方面，两个标准的可操作性差，使很多企业难以实施。

模 拟 试 题 答 案

第 一 章

第一节

1. ABD 2. C 3. C 4. D 5. C 6. ABCE 7. A 8. ABCD 9. C

第二节

1. A 2. D 3. C 4. B 5. A 6. D 7. B 8. C

第三节

1. D 2. C 3. B 4. B 5. A 6. A 7. BC 8. A 9. BD 10. AC 11. A

第四节

1. D 2. A 3. B 4. B 5. C 6. D 7. D 8. D 9. A

第 二 章

第一节

1. B 2. C 3. D 4. D 5. A 6. ABCD 7. B 8. A 9. C 10. A 11. BC

第二节

1. B 2. A 3. C 4. B 5. D 6. B 7. D 8. A 9. C 10. ABD 11. ABD 12. B 13. CD

第三节

1. ACD 2. B 3. BD 4. D 5. C 6. ABC 7. B 8. ABCD 9. C

第四节

1. D 2. B 3. D 4. A 5. D

第五节

1. ABC 2. D 3. A 4. BC 5. BD 6. ABDE 7. AD 8. B

第六节

1. A 2. B 3. ACD 4. D 5. D

第七节

1. B 2. B 3. BDE 4. ABE 5. C 6. CD

184

第八节

1. B 2. ABCD 3. A 4. C 5. B 6. ABCE 7. ABCD 8. C 9. B 10. ACD 11. A

第九节

1. D 2. B 3. A 4. A 5. B 6. ABCE

第十节

1. ABD 2. A 3. D 4. B 5. B 6. C 7. CD 8. C 9. A

第十一节

1. A 2. B 3. BC 4. E 5. B 6. D 7. A 8. D 9. B 10. AC 11. ABD

12. D 13. B 14. A 15. C 16. B 17. D 18. D 19. ACD 20. C 21. A 22. D

23. C 24. BCD

第十二节

1. ABD 2. D 3. AC 4. ABD 5. B 6. A 7. B 8. B 9. BD 10. ACE

第十三节

1. ABDE 2. AC 3. D 4. A 5. C 6. A 7. ABCD

第十四节

1. AC 2. D 3. ABDE 4. C 5. A 6. ABC 7. B 8. D 9. B 10. B 11. C

12. D 13. C

第十五节

1. B 2. B 3. D 4. C 5. D 6. D 7. ABDE 8. ABCDE 9. B 10. B 11. C

12. B

第 三 章

第一节

1. D 2. ABCD 3. B 4. ABCD 5. ABDE 6. E 7. C 8. C 9. D 10. ABCE

11. D

第二节

1. B 2. B 3. B 4. ABDE 5. BD

第三节

1. B 2. AE 3. D 4. ABD 5. AB 6. B 7. A

第 四 章

第一节

1. B 2. A 3. A 4. D 5. A 6. B 7. B 8. CD

第二节

1. C 2. ABC

第三节

1. D 2. ABCD 3. C 4. B 5. C 6. D

第四节

1. BCD　2. B　3. ABCE　4. C　5. B　6. C　7. B　8. D　9. ACE　10. B　11. A

第五节

1. ABC　2. ABCE

第 五 章

第一节

1. D　2. ACD　3. A　4. D　5. B　6. C　7. B　8. A　9. D　10. C　11. ABD

第二节

1. D　2. B　3. C　4. A　5. B　6. A　7. D　8. AC　9. C　10. B　11. ABD

第三节

1. ABD　2. A　3. B

第四节

1. AC　2. D　3. B　4. A　5. B　6. B　7. BD　8. A　9. C　10. ABDE　11. ABE
12. B　13. C　14. B　15. B　16. C　17. B

第 六 章

第一节

1. ABD　2. B　3. D　4. B　5. ABDE　6. B　7. C　8. ABCE　9. ACD　10. C

第二节

1. ABCD　2. ABD　3. D　4. B　5. A　6. D　7. A　8. C

第三节

1. C　2. C　3. D　4. ABD　5. D　6. ACD　7. D　8. B　9. A

第四节

1. AC　2. BD　3. D　4. BCE　5. ACD　6. BCDE　7. BC

第五节

1. AD　2. B　3. D　4. CDE　5. A　6. ABDF　7. B　8. D　9. D

第 七 章

第一节

1. A　2. C　3. B　4. B　5. ABD　6. ABCE

第二节

1. ABD　2. D　3. A　4. D　5. B　6. BD　7. D

第 八 章

第一节

1. A　2. B　3. ABCE

第二节
1. ABC　2. D　3. D
第三节
1. A　2. ABC　3. D　4. BD
第四节
1. AB　2. C　3. B　4. B　5. A

参 考 文 献

本书依据《中级注册安全工程师职业资格考试大纲（2019 版）》（应急厅〔2019〕43 号附件 1）中"安全生产管理"的内容编写。

本书参考的法律法规，在书中相应处都已说明。

此外，本书还参考了以下出版物：

［1］宋大成. 安全生产管理内容精讲与试题解析［M］. 北京：中国标准出版社，2017.

［2］中国安全生产协会注册安全工程师工作委员会，中国安全生产科学研究院. 安全生产管理知识［M］. 北京：中国大百科全书出版社，2011.